新課程
対応版

基礎からしっかりわ

カンペキ！ 小学理科

難関中学受験にも対応！

理科教育研究会＝著
小川眞士＝監修

S　　　N

技術評論社

はじめに

　科学の発達は私たちの生活を大きく変えてきました。みなさんのまわりには、自動車、テレビ、携帯電話など便利な道具がたくさんあります。なぜだろう？　というさまざまな疑問から科学が発達し、便利な道具もできました。使い方がわかれば使える道具も、どのような原理で動いているかがわかると、より多くの使い方ができるようになりより楽しめます。

　理科の学習も科学の発達と同じです。なぜだろう？　と自然を見るところからはじまります。自然を見つめいろいろなことを体験し考えるところに理科の楽しさがあります。

　中学校の入試問題も、暗記事項より実験や観察することでわかった資料を読みとる問題が主流になっています。学習にとって一番大切なことが、いろいろなことに興味を持ち体験し考えることだからです。

　学習やスポーツやゲームなどはもちろんですが、生活の中でそれまでわからなかったことやできなかったことが少しできるようになると楽しくなります。自然を見つめ体験する理科の学習は、そのような楽しさがいっぱいつまっています。

　理科はいろいろな分野を扱います。植物や昆虫、山や川、太陽や星、水溶液、身近な道具など、学習する範囲はたくさんあります。誰でもどこかに好きなところがある教科です。理科は暗記教科ではありません。覚えることがイヤとは思わずに、好きなところから取り組み、理科の楽しさを味わって下さい。

　この本は、みなさんが体験し考え、理科が好きになるようにと思いをこめてつくりました。理科の楽しさを随所にちりばめてあります。ところどころに覚え方もあります。できれば自分で工夫して、より楽しいものを考えて下さい。

　好きなところ、苦手なところ、始めから、終わりから、どこからでもいいので読んで下さい。気がつくと理科がより好きになっていることでしょう。

小川 眞士（おがわ まさし）

基礎からしっかりわかる

カンペキ！小学理科
〈難関中学受験にも対応！〉【新課程対応版】

もくじ

この本の使い方は6ページ
さくいんは174ページにあるよ！

第4章 物理 ⑲

第5章 新課程と身近な理科 ⑯

この本の使い方

　この本は、小学校で学ぶ理科の知識を、ビジュアル的に構成された本を見ながら楽しく学ぶための本です。学校で習う基本的な内容から、中学受験に役立つ発展的な知識までを学ぶことができます。どのページにもポイントを押さえた解説文と、わかりやすいイラストや写真がついているので、理科の世界に親しみやすくなっています。

テーマ
それぞれのページで学ぶタイトル名です。

ポイント
そのページで押さえておきたい大切なポイントです。

解説
基本的な内容から、中学受験に役立つ知識までを、分かりやすく解説しています。

問題
問題がのっているページもあります。チャレンジしてみましょう。

熱 熱による変化

 温度と体積 物質は温度が上がると膨張し体積が大きくなります。最も膨張しやすいのは気体で、次に液体、固体の順になっています。
膨張のしやすさ　気体　＞　液体　＞　固体

固体の膨張
固体の中でも膨張しやすいのは金属です。

実験　金属棒の下にストローを置いてあたためてみよう！

金属の棒　　　膨張してのびる

ストロー

金属棒はあたためられると膨張して長くなる。その結果、ストローは金属に押されて右まわりに回転する

金属による膨張のちがい
金属によって膨張のしかたもちがいます。

しんちゅうは銅と鉛の合金で五円硬貨の材料として使われているよ。

膨張のしやすさ
アルミニウム ＞ しんちゅう ＞ 銅 ＞ 鉄

膨張のしかたのちがいを利用したものが温度調節をするスイッチなどに使われているサーモスタットです。サーモスタットは膨張のしかたのちがう2種類の金属をはりあわせたものです。温度が高くなるとスイッチが切れ、低くなるとスイッチが入るようになっています。

[サーモスタット]

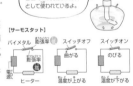

バイメタル　膨張率　スイッチオフ　スイッチオン

電源　ヒーター　温度が上がる　温度が下がる

発展　線路のレールのつぎめのすきま
線路のレールのつぎめにすき間があいてるのは、夏にレールがあたためられて膨張したときに、レールどうしが押し合って曲がるのをふせぐためです。

覚え方

金属の膨張のしやすさ　**ある　紳士が　土　手でのびた。**
アルミニウム　しんちゅう　銅　鉄　（膨張）

液体の膨張
液体も温度が高くなるほど膨張します。
水は液体の中でもちょっと変わった性質があります。
水は4℃のときに体積が最も小さくなります。4℃より低い温度、または高い温度のときのほうが、体積が大きくなります。また、膨張する割合も同じではありません。

[氷の体積の変化]

[4℃付近の氷の体積の変化]

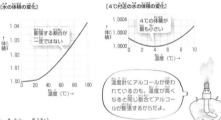

膨張する割合が一定ではない

4℃の体積が最も小さい

温度計にアルコールが使われているのも、温度が高くなると同じ割合でアルコールが膨張するからだよ。

気体の膨張
気体も温度が高くなると膨張します。
気体はどの気体も同じ割合で膨張します。温度が高くなると膨張するので、同じ量の気体を比べたとき温度が高いほど軽くなります。

発展　池の氷が水面からこおるのは？
水は4℃のときに体積が最も小さくなるので、同じ量の水を比べたとき4℃の水が最も重くなり、0℃の水の方が軽くなります。そのため0℃の水が水面に上がり、水面からこおるのです。

熱気球が空に浮かぶのは？
あたためられて膨張した空気を気球に入れることで気球がふくらみます。また膨張した空気は、周りの空気よりも軽いため空へ浮かぶのです。

熱気球

観察・実験
学習の理解を深めるために大切な観察や実験について解説しています。

覚え方
中学受験にも役立つ暗記の方法を紹介しています。

発展
解説ではふれられなかった補足的な内容や、発展的な内容をコラム形式で紹介しています。

実験器具と使い方
実験器具についてのページもあります。正しい使い方をマスターしましょう。

第1章
生物

　生物は呼吸し、栄養をとることで生きています。呼吸器には肺やえらや気管があり、植物は光合成で栄養をつくり、その栄養を動物がとり入れています。

　生物は子孫を残します。植物は種子などで子孫を残すので、受粉や受精が必要です。動物は卵や子供を産んだりして子孫を残すので、オスとメスが出会う必要があります。

　日本には春夏秋冬の季節があり、暑い夏や寒い冬が必ずやってきます。暑さや寒さに弱い生物はいろいろな工夫をして夏や冬を越そうとします。暑さや寒さを利用する生物もいて、生物は厳しい自然の中で巧みに生きています。

　この章では生物のつくりやはたらきなどについて学習します。

　生物の形や特徴を理解することがポイントです。

植物 種子のつくりと発芽

種子と発芽

種子植物は種子に養分を蓄えており、その養分を使って発芽します。

▌有胚乳種子と無胚乳種子

胚乳がある種子を有胚乳種子、胚乳がない種子を無胚乳種子といいます。

有胚乳種子

発芽のための養分を胚乳に蓄えています。

（例）カキ、トウモロコシ、イネ、ムギ、
　　　ゴマ、オシロイバナなど

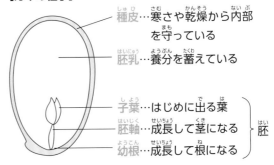

[カキの種子]

- 種皮…寒さや乾燥から内部を守っている
- 胚乳…養分を蓄えている
- 子葉…はじめに出る葉 ┐
- 胚軸…成長して茎になる ├ 胚
- 幼根…成長して根になる ┘

無胚乳種子

発芽のための養分を子葉に蓄えています。

（例）インゲンマメ、ヘチマ、アサガオ、
　　　アブラナ、ヒマワリなど

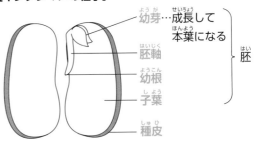

[インゲンマメの種子]

- 幼芽…成長して本葉になる ┐
- 胚軸 ├ 胚
- 幼根 │
- 子葉 ┘
- 種皮

胚は発芽したとき、
根、茎、葉になるよ。

発展 有胚乳種子とニワトリの卵を比較してみよう

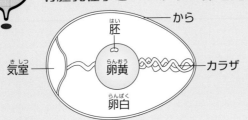

- から
- 胚
- らんおう 卵黄
- 気室
- カラザ
- 卵白

●各部分のはたらき
胚………からだのもとになる
卵黄……胚が育つ養分になる
卵白……寒さや乾燥から胚を守り、養分になる
カラザ…胚がいつも上になるようにする
から……内部を乾燥から守る

覚え方　有胚乳種子の仲間

ゴマでおしろ　い　か　もろこし
ゴマ　オシロイバナ　イネ（ムギ）　カキ　トウモロコシ

発芽のようす

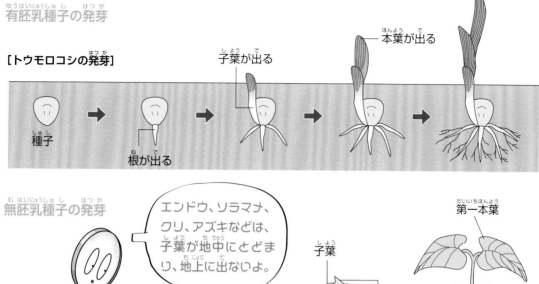

有胚乳種子の発芽

[トウモロコシの発芽]

本葉が出る
子葉が出る
種子
根が出る

無胚乳種子の発芽

エンドウ、ソラマメ、クリ、アズキなどは、子葉が地中にとどまり、地上に出ないよ。

第一本葉
子葉
種皮
第一本葉

[インゲンマメの発芽]
子葉
地上に出る
種子
根

種子に蓄えられている養分

種子は養分を蓄えていますが、植物によってその養分の種類と割合が異なっています。
炭水化物（でんぷん）を多くふくむもの……(例)イネ、ムギ、トウモロコシ、インゲンマメなど
たんぱく質を多くふくむもの……………(例)ダイズなど
脂肪を多くふくむもの…………………(例)ゴマ、アブラナ、オリーブなど

[ダイズの種子にふくまれる養分]

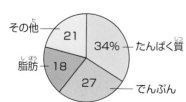

その他 21
34% たんぱく質
脂肪 18
27
でんぷん

ダイズはたんぱく質を多くふくんでいるので畑の肉といわれているけど、炭水化物や脂肪もふくんでいて大豆油も生産されるよ。

覚え方
子葉が地上に出ない無胚乳種子　**えん　そ　く**は**あずき**
エンドウ ソラマメ クリ　アズキ

種子の発芽（しゅし はつが）

発芽（はつが）の3条件（じょうけん）

種子の発芽には、水、空気、適した温度の3つの条件が必要です。

観察（かんさつ） インゲンマメの種子で、発芽の条件を確（たし）かめよう！

観察（かんさつ）1 水以外（みずいがい）の条件（じょうけん）を同（おな）じにする（空気あり、温度25℃）

水あり→発芽（はつが）する
水をかける
だっし綿（めん）　数日後（すうじつご）　発芽（はつが）する
インゲンマメの種子（しゅし）

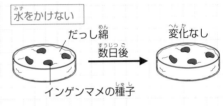
水なし→発芽（はつが）しない
水をかけない
だっし綿（めん）　数日後（すうじつご）　変化（へんか）なし
インゲンマメの種子（しゅし）

観察（かんさつ）2 空気以外（くうきいがい）の条件（じょうけん）を同（おな）じにする（水あり、温度25℃）

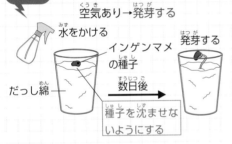
空気あり→発芽（はつが）する
水をかける
インゲンマメの種子（しゅし）　発芽（はつが）する
だっし綿（めん）　数日後（すうじつご）
種子（しゅし）を沈（しず）ませないようにする

空気なし→発芽（はつが）しない
インゲンマメの種子（しゅし）　変化（へんか）なし
だっし綿（めん）
数日後（すうじつご）
種子（しゅし）を水（みず）に沈（しず）める

観察（かんさつ）3 温度以外（おんどいがい）の条件（じょうけん）を同（おな）じにする（水あり、空気あり）

温度25℃→発芽（はつが）する
25℃の箱（はこ）に入（い）れる　インゲンマメの種子（しゅし）
25℃
箱（はこ）　発芽（はつが）する
数日後（すうじつご）
水（みず）をふくんだだっし綿（めん）

5℃の冷蔵庫（れいぞうこ）に入（い）れる→発芽（はつが）しない
5℃の冷蔵庫（れいぞうこ）に入（い）れる　インゲンマメの種子（しゅし）
5℃
変化（へんか）なし
数日後（すうじつご）
水（みず）をふくんだだっし綿（めん）

観察（かんさつ）4 光以外（ひかりいがい）の条件（じょうけん）を同（おな）じにする（水あり、空気あり、温度25℃）

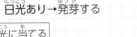
日光（にっこう）あり→発芽（はつが）する

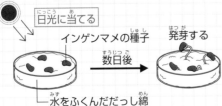
日光（にっこう）に当（あ）てる
インゲンマメの種子（しゅし）　発芽（はつが）する
数日後（すうじつご）
水（みず）をふくんだだっし綿（めん）

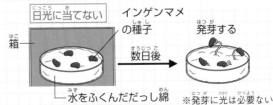
日光（にっこう）なし→発芽（はつが）する
日光（にっこう）に当（あ）てない　インゲンマメの種子（しゅし）
箱（はこ）　発芽（はつが）する
数日後（すうじつご）
水（みず）をふくんだだっし綿（めん）
※発芽（はつが）に光（ひかり）は必要（ひつよう）ない

いろいろな発芽のようす

アサガオ

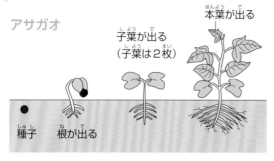

本葉が出る
子葉が出る（子葉は2枚）
種子　　根が出る

ヘチマ

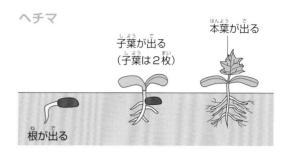

本葉が出る
子葉が出る（子葉は2枚）
根が出る

アズキ

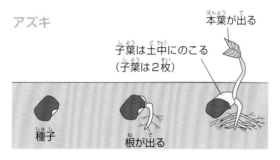

本葉が出る
子葉は土中にのこる（子葉は2枚）
種子　　根が出る

エンドウ、ソラマメ、クリ、アズキは子葉が土中に残るんだったね。

イネ

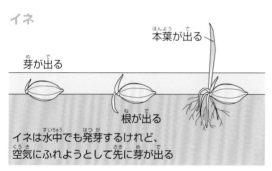

本葉が出る
芽が出る
根が出る

イネは水中でも発芽するけれど、空気にふれようとして先に芽が出る

トウモロコシ

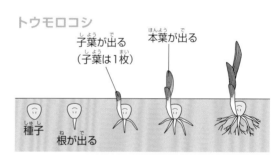

本葉が出る
子葉が出る（子葉は1枚）
種子　　根が出る

双子葉類と単子葉類

双子葉類

子葉が2枚の植物を双子葉類といいます。
葉脈は網の目のようになっています。（網状脈）

　(例) アブラナ、タンポポ、インゲンマメ、アサガオ、ジャガイモなど

子葉は2枚（ふた葉）　　網状脈

単子葉類

子葉が1枚の植物を単子葉類といいます。
葉脈は平行になっています。（平行脈）

　(例) トウモロコシ、イネ、ムギ、ユリ、チューリップ、エノコログサ

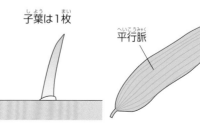

子葉は1枚　　平行脈

植物のつくり

葉・茎・根

植物の葉・茎・根にはそれぞれのはたらきがあります。

◾ 葉のつくりとはたらき

呼吸……酸素を吸収し二酸化炭素を放出します。

光合成…二酸化炭素を吸収し酸素を放出します。

蒸散……水蒸気を放出します。

これらの気体の出入りは、葉の表面にある気こうを通して行われます。気こうは、葉の裏側に多く存在します。

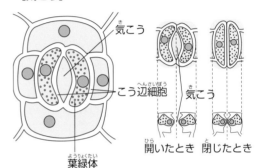

[気こう]

気こう

こう辺細胞　気こう

葉緑体

開いたとき　閉じたとき

◾ 茎のつくりとはたらき

- 植物のからだを支えます。
- 水や養分の通り道になります。

道管………根から吸収した水や養分の通る管

師管………葉で光合成をしてつくった養分の通る管

維管束……道管と師管が束になっているところ

形成層……道管と師管の間にあり、細胞分裂をして茎を太くする層(単子葉類にはない)

茎のくわしいつくりは、次のページで確認しよう。

[茎]

── 水分の通り道
── 養分の通り道

◾ 根のつくりとはたらき

- 水や水にとけた養分を吸収します。
  根の先には、根毛とよばれる細い毛のようなものがあり、水や水にとけている養分はここから吸収されます。
- 植物のからだを支えます。
- 養分を蓄えます。

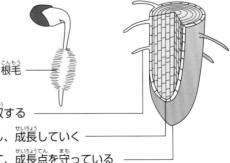

[根の先端のようす]

根毛

根毛……土中の水や養分を吸収する

成長点…さかんに細胞分裂をし、成長していく

根冠……固い細胞でできていて、成長点を守っている

双子葉類と単子葉類の葉・茎・根

双子葉類と単子葉類では葉・茎・根のつくりがそれぞれ異なります。

	双子葉類	単子葉類
葉のつくり	網状脈 子葉 葉脈 子葉は2枚（ふた葉） 葉脈は網の目のようになっている	平行脈 子葉 葉脈 子葉は1枚 葉脈は平行になっている
茎のつくり	形成層がある 道管 師管 形成層 維管束 維管束が輪のように並んでいる	形成層がない 道管 師管 維管束 維管束がばらばらに散らばっている
根のつくり	主根と側根 主根 側根 太い1本の主根と、 主根から枝分かれした側根がある	ひげ根 ひげ根 ひげのような細い根がたくさんある

覚え方　維管束のつくり　　**家の水道管は**　　**いかんぞ。外に糖が　しみだした**
内側の水を運ぶ道管　　　（維管束）　　外側の糖を運ぶ師管

光合成 ①

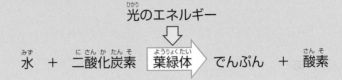

光合成 植物が光のエネルギーを利用して、葉緑体で水と二酸化炭素からでんぷんと酸素をつくり出すはたらきを光合成といいます。

光のエネルギー
↓

水 ＋ 二酸化炭素 → 葉緑体 → でんぷん ＋ 酸素

光合成のしくみ

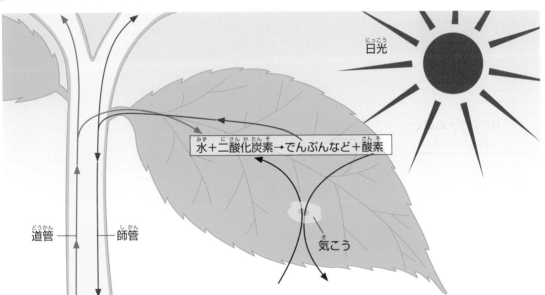

水＋二酸化炭素→でんぷんなど＋酸素

日光

道管　師管

気こう

葉のつくり

光合成は、植物の緑色をした部分の、葉緑体で行われます。

葉緑体を持たない動物では光合成ができないんだよ。

[葉の断面]

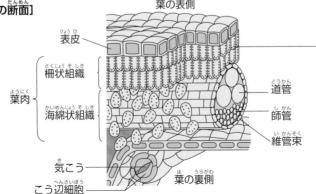

葉の表側

表皮

柵状組織

葉肉

海綿状組織

道管

師管

維管束

気こう

こう辺細胞

葉の裏側

葉緑体
・緑色の色素（葉緑素）をふくむ粒を葉緑体という
・葉緑体は、葉の表側に集まっている
・ここででんぷんがつくられる

植物の呼吸と光合成

植物は動物にはできない光合成をしていますが、動物と同じように呼吸もしています。

光合成…二酸化炭素を取り入れて、酸素を放出します。
呼吸……酸素を取り入れて、二酸化炭素を放出します。

 観察 植物の呼吸と光合成の量を調べよう

下のグラフは、ある植物が一定時間の間に吸収または放出する二酸化炭素の量と、光の強さとの関係を表しています。呼吸は光の強さに関係なく行われ、光合成の量はあるところまでは光の強さに比例することがわかります。

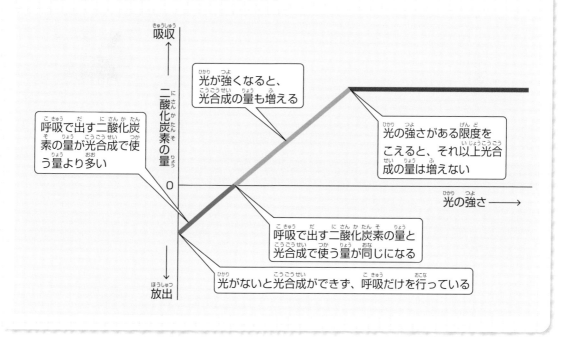

陽生植物と陰生植物

陽生植物

強い光のもとでないと生育できない植物を陽生植物といい、木の場合は陽樹といいます。

（例）陽生植物…ススキ、タンポポなど
　　　陽樹………アカマツ、シラカバなど

陰生植物

弱い光のもとでも生育できる植物を陰生植物といい、木の場合は陰樹といいます。

（例）陰生植物…ヤブラン、シャガなど
　　　陰樹………アオキ、カシ、シイ、ヤツデなど

森林の中に生えている低木はおもに陰樹、下草はおもに陰生植物だよ。

光合成 ②

光合成の条件

光合成には葉緑体と光が必要です。

実験 光合成に光と葉緑体が必要なことを確かめよう！

❶ふ入りの葉を用意する

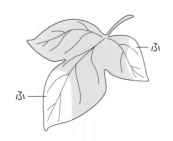

「ふ」とは葉緑体がなく、白い部分のこと

❷一部をアルミはくでおおい、光を当てる

アルミニウムは光を通さない

❸あたためたアルコールにつける

アルコール｜湯

湯はアルコールをあたため、アルコールは葉を脱色する

❹水で洗いヨウ素液につける

ヨウ素液

ヨウ素液…でんぷんがあると青紫に変わる

❺ヨウ素液をつけた結果

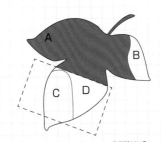

でんぷんのあるところが青紫色になる

[実験のまとめ]

	葉緑体	光	でんぷんができた
A	○	○	○
B	×	○	×
C	×	×	×
D	○	×	×

この実験からわかること

AとBを比べると光合成には葉緑体が必要なことがわかり、AとDを比べると光が必要なことがわかる

でんぷんの貯蔵

植物は光合成でつくったでんぷんを、いろいろな場所に蓄えています。

■ 養分を蓄える場所

根に蓄えるもの

サツマイモ

ニンジン

ダイコン

ダリア

葉に蓄えるもの

タマネギ

ユリ

茎に蓄えるもの

ジャガイモ

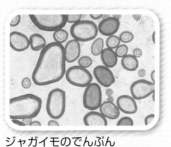
ジャガイモのでんぷん

サトイモ

ハス

ススキ

そのほか多くの植物では、果実や種子に養分を蓄えるよ。

覚え方
養分を蓄える場所　**さ**つまの**忍**者は**だ**・**さ**いね。**里** じゃ **ハス**を**食**っている。

サツマイモ　ニンジン　ダイコン・ダリア　（根)/サトイモ　ジャガイモ　ハス　（茎）

花のつくりと受粉

植物

花のつくり

花びら、がく、おしべ、めしべをあわせて花の4要素といいます。

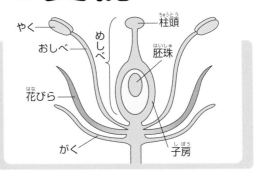

いろいろな花のつくり

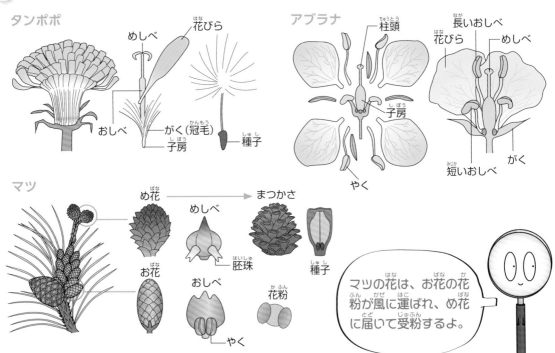

タンポポ

アブラナ

マツ

マツの花は、お花の花粉が風に運ばれ、め花に届いて受粉するよ。

受粉と受精

おしべの花粉がめしべの柱頭につくことを受粉といいます。また、受粉後、花粉管が胚珠へのびて、精細胞の核と卵細胞の核が合体することを受精といいます。

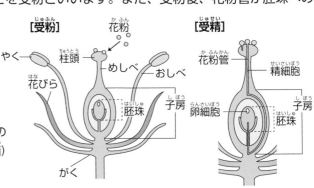

①やくの中で花粉がつくられる
②花粉がめしべの柱頭につく（受粉）
③子房内の胚珠に向かって花粉管がのびる
④花粉管が胚珠に届き、花粉管の中の精細胞の核が胚珠の中の卵細胞の核と合体する（受精）
⑤受精すると胚珠は種子になる

受粉のしかた 花粉の運ばれ方は植物によってちがっています。

虫媒花と風媒花

虫媒花…花粉が虫に運ばれて受粉します。

虫をおびき寄せるために色あざやかな花びらをしていたり、強いにおいを発したり、虫のえさとなる蜜を出したりします。また、花粉は虫のからだにつきやすいように、表面にとげや毛があります。

(例)アサガオ、アブラナ、エンドウ、カボチャ、ヒマワリなど

アサガオ　　　　　カボチャ　　　　　ツツジ　　　　　ヘチマ

風媒花…花粉が風に運ばれて受粉します。

地味な花が多く、花びらや蜜もないものもあります。花粉は風に運ばれやすいように軽く、大量に放出されます。空気ぶくろをもつ花粉もあります。

(例)イネ、スギ、マツ、トウモロコシ、ススキなど

空気ぶくろ

トウモロコシ　　　　マツ

自家受粉と他家受粉

自家受粉…1つの花の中で受粉が行われることを自家受粉といいます。

(例)エンドウ、イネ、アサガオなど

エンドウ

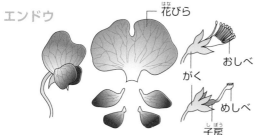

花びら

おしべ

がく

めしべ

子房

花が咲くときにおしべとめしべがふれて受粉する

アサガオ

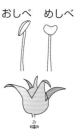

おしべ　めしべ

おしべ
めしべ

がく　　子房

実

イネ

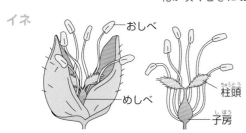

おしべ

めしべ

柱頭

子房

花が咲くと、羽毛のような形をした柱頭の上方で花粉の入ったふくろ(やく)が破れ、花粉がこぼれ落ちて受粉する

他家受粉…別の花の花粉がめしべの先について受粉することを他家受粉といいます。

ほとんどの花は基本的に他家受粉をしますが、中には自家受粉もする花があります。

植物の仲間わけ

植物の分類

植物には種子をつくるものと種子をつくらないものがあります。さらにそれぞれの特徴によっていくつかのグループにわけることができます。

植物の分類のしかた

植物は次のように仲間わけすることができます。

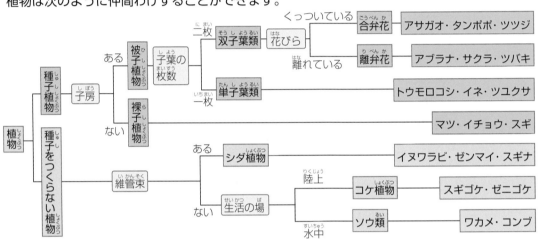

種子をつくる植物（種子植物）

被子植物

双子葉類
（合弁花）

タンポポ
たくさんの花びらが集まっている

アブラナ

ツツジ

サクラ

（離弁花）

単子葉類

イネ
花びらがない

ムラサキツユクサ

裸子植物

イチョウ
おすの木とめすの木がある

スギ
お花とめ花がわかれている

マツ
お花とめ花がわかれている

種子をつくらない植物

シダ植物

ワラビ

ゼンマイ

コケ植物
地上で生活

スギゴケ

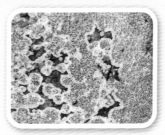
ゼニゴケ

ソウ類
水中で生活

コンブ

ワカメ

覚え方

いろいろな植物の仲間

| アブラナの仲間 | **キャ ハ、あぶ ない 子 だわ** |
| キャベツ　ハクサイ　アブラナ　ナズナ　イヌガラシ　コマツナ　ダイコン　ワサビ |

| サクラの仲間
（バラ科） | **いち もん なし のう さ ばら し** |
| イチゴ　モモ　ナシ　サクラ　バラ |

| マメの仲間
（マメ科） | **白い レンゲ に マメ が 入ってる** |
| シロツメクサ　レンゲ　マメ |

| ヘチマの仲間
（ウリ科） | **へんな カス を 急 に 売り 出した** |
| ヘチマ　カボチャ　スイカ　キュウリ　ウリ |

| タンポポの仲間
（キク科） | **田んぼ で ひま している 菊 姫 だ** |
| タンポポ　ヒマワリ　キク　ヒメジョオン　ダリア |

| ナスの仲間
（ナス科） | **ナス の トマ ピー、ジャガイモ 食べた** |
| ナス　トマト　ピーマン　ジャガイモ |

| アサガオの仲間
（ヒルガオ科） | **朝 昼 夜 と 石焼き芋** |
| アサガオ　ヒルガオ　ヨルガオ　サツマイモ |

> かんぴょうの材料になるユウガオはウリ科だよ。まちがえないようにしよう。

植物の生活

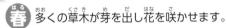

季節によって植物の種類やすがたがちがっています。

春夏秋冬の植物

春 多くの草木が芽を出し花を咲かせます。

サクラ　　タンポポ　　ツツジ

夏 草木は大きく成長し、実も大きくなっていきます。

ヒマワリ　　アサガオ　　アジサイ

秋 草木の実が熟し、葉が色づきます。

ヒガンバナ　　　　イチョウ

冬 草木がかれたり、葉が落ちたりします。また冬芽で冬をこすものもあります。

サザンカ　　サクラの冬芽

光周性

植物の多くは花を咲かせる季節が決まっています。これは植物が季節による昼や夜の長さを感じ取っているからです。この性質を光周性といいます。

短日植物…昼の長さ(日照時間)が短くなると開花する
　　　　　(例)アサガオ、イネ、キク、ダイズなど
長日植物…日照時間が長くなると開花する
　　　　　(例)アブラナ、コムギ、ホウレンソウなど
中日植物…日照時間に関係なく開花する
　　　　　(例)エンドウ、トマトなど

[短日植物の日照時間と開花]

時間→

	0	12	24	
A	明期		暗期	明期が長いので花は咲かない
B	明期	暗期		明期が短いので花が咲く
C	明期	暗期	暗期	明期は短いが暗期が連続していないので花は咲かない

少しの時間光を当てる

□ 光を当てる(明期)　■ 光を当てない(暗期)

アサガオは短日植物なので、夏至をすぎてから花が咲くよ。

短日植物は、日照時間が短くなると開花するが、連続した夜の時間が必要で、連続した暗期がないと花を咲かせない

ヘチマを観察してみよう！

子葉はだ円形

茎がのびて支柱やネットにからまる

枝のわかれ目からつるが出て、ふれたものにからまる

め花

お花とめ花が別々に咲く

お花

虫が受粉を助ける

しおれため花の根元がのびる

実が大きくなる

枝からぶら下がったまま大きくなる

アサガオを観察してみよう！

子葉はハート形

茎は巻きつくものを探しながらのびる。茎にはものにふれたことを感じる毛がはえている。つるは左巻きが多い

つぼみは、かさをたたんだようにねじれている

夜明け前にねじれがとけ始める

花は1日だけでしぼんでしまう

花が終わったあとに種子ができる

昆虫のからだ

昆虫とは、からだが、頭、胸、腹の３つの部分にわかれていて、あしが６本（３対）ある生き物のことです。はねの枚数は、４枚、２枚、０枚のどれかです。昆虫は、オスとメスでからだのつくりや色がちがっているものがあります。

昆虫のからだのつくり

モンシロチョウ

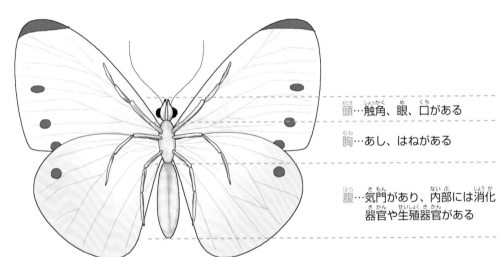

頭…触角、眼、口がある

胸…あし、はねがある

腹…気門があり、内部には消化器官や生殖器官がある

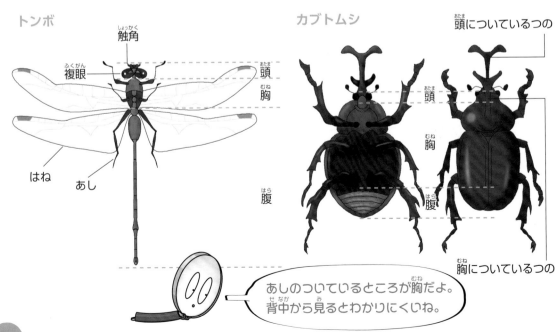

トンボ

触角
複眼
頭
胸
はね
あし
腹

カブトムシ

頭についているつの
頭
胸
腹
胸についているつの

あしのついているところが胸だよ。
背中から見るとわかりにくいね。

昆虫のからだの部位

□……昆虫の口は、それぞれの食べ物に適した形になっています。

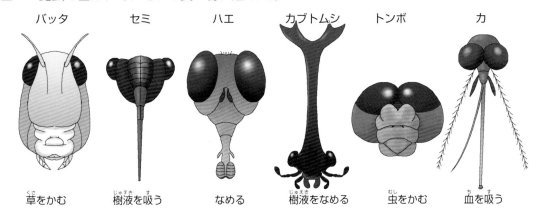

バッタ	セミ	ハエ	カブトムシ	トンボ	カ
草をかむ	樹液を吸う	なめる	樹液をなめる	虫をかむ	血を吸う

あし…それぞれの生活環境に適したつくりになっています。

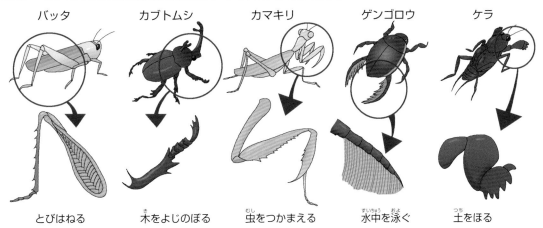

バッタ	カブトムシ	カマキリ	ゲンゴロウ	ケラ
とびはねる	木をよじのぼる	虫をつかまえる	水中を泳ぐ	土をほる

はね…はねの数と形は、種類によってちがっています。

　　　はねは退化してなくなったものもあります。

はねが4枚のもの	はねが2枚のもの	はねが0枚のもの
チョウ、トンボ、バッタなど	ハエ、カ、アブなど	アリなど （女王アリには4枚のはねがある）

気門…腹部はいくつかの節にわかれていて、節ごとに
　　　1対の気門とよばれる小さな穴があいていま
　　　す。気門はからだの中で気管につながり、昆虫
　　　はこの気管で呼吸を行っています。胸にも気門
　　　があります。

[昆虫の腹部]

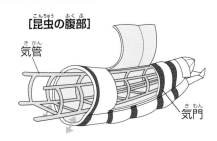

気管

気門

動物

昆虫の育ち方 ①

完全変態

昆虫が成長する過程ですがたが変わることを変態といいます。

- ふ化…卵から幼虫が出てくること
- 羽化…さなぎや幼虫から成虫になること
- 脱皮…かたい外側のからを脱ぎながら成長していくこと

幼虫からさなぎをへて成虫になる変態を、完全変態といいます。

完全変態 卵 → 幼虫 → さなぎ → 成虫 （さなぎの時期がある）
　　　　　　　　↑ふ化　　　　　　↑羽化

完全変態する昆虫

完全変態する昆虫の幼虫と成虫では、すむ場所やからだの形、食べるものがちがうものが多いです。

	卵 （産みつけられる場所）	幼虫 （食べるもの）	さなぎ （いる場所）	成虫 （食べるもの）
アゲハ	（ミカン科の葉の裏）	（ミカン科の葉）	（木の枝など）	（花の蜜を吸う）
カイコガ	（クワの葉）	（クワの葉）	（まゆの中）	（何も食べない）
カブトムシ	（土の中）	（くさった葉）	（土の中）	（樹液を吸う）
カ	（水面）	（水中の小さな生き物）	（水の中）	（メスは動物の血を吸う）

観察 モンシロチョウの育ち方を見てみよう！

モンシロチョウは成長の過程でさなぎの時期があり、完全変態をします。

卵は細長い形で、うすい黄色。トウモロコシのような形をしている。高さは約1mm。キャベツの葉の裏などに産みつけられる

さなぎの間は何も食べない。長さは約2cm。10日ほどたつと、はねがすけて見えるようになる

卵 → **幼虫** → **さなぎ** → **成虫**

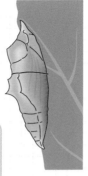

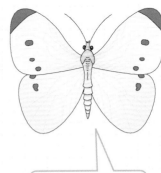

卵から出てきたばかりの幼虫は、卵のからを食べる。やがてキャベツの葉を食べるようになる。幼虫は緑色で、アオムシとよばれる。からだは節にわかれていて、気門がある。脱皮をするたびに大きくなる。モンシロチョウの幼虫は、さなぎになるまでに5回脱皮する

成虫は花の蜜を吸う

頭　胸　腹
気門
単眼　口
胸足　腹足
触角

成虫になったときにはねがつくところ（気門がない）

羽化したばかりのチョウ

 モンシロチョウは1年に数回世代交代するけど、秋にさなぎになったものは、寒い冬をこし、春になると羽化して成虫になるんだよ。

さなぎから出ると、はねがのびるまでじっとしている。はねがのびると飛べるようになる

覚え方
完全変態する昆虫　　さなぎの **課** **長** は **株** 持ち **の** **小金** あり
カ　チョウ　ハエ・ハチ　カブトムシ　ノミ　コガネムシ　アリ

昆虫の育ち方 ②

不完全変態

幼虫からさなぎの時期をへずに成虫になる変態を、不完全変態といいます。

不完全変態	卵 → 幼虫 → 成虫 （さなぎの時期がない）
	ふ化　　羽化

不完全変態する昆虫

不完全変態をする昆虫は、幼虫と成虫の形が似ているものが多いです。（セミ、トンボなどは形がちがいます。）また、幼虫と成虫の食べるものが同じものが多いです。

	卵 （産みつけられる場所）	幼虫 （食べるもの）	成虫 （食べるもの）
セミ	（木の幹） ふ化して土の中に入る	（根の汁を吸う） 土の中ですごす。アブラゼミは数年、長いセミでは13年や17年。その後、地上に出て、木の枝などで羽化する	（木の汁を吸う） 幼虫と成虫の形がちがう
カマキリ	（草や木の枝） たくさんの卵がかたまっている。卵で冬をこす	（小さな虫） 卵からたくさんの幼虫が出てくる。幼虫は成虫とほぼ同じ形をしている	（小さな虫）
コオロギ	（土の中）	（草・小さな虫） 成虫とほぼ同じ形をしている	（草・小さな虫）

観察 バッタの育ち方を見てみよう！

バッタの成長過程にはさなぎの時期がなく、不完全変態です。

卵 → **幼虫** → **成虫**

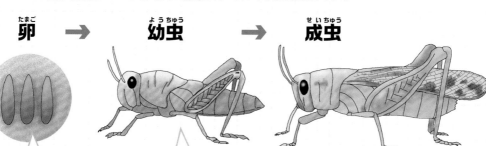

卵は茶色で細長い

幼虫はほぼ成虫と同じ形をしている

脱皮が終わって脱ぎ捨てたから

幼虫は脱皮を繰り返して大きくなる

観察 トンボの育ち方を見てみよう！

トンボの成長過程にはさなぎの時期がなく、不完全変態です。

卵 → **幼虫** → **成虫**

卵は茶色で丸い

幼虫は水中で生活する。ヤゴとよばれる。小さな魚や虫を食べる

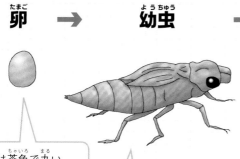

ヤゴは水から出て、地上で羽化する

覚え方

不完全変態する昆虫　**かっとばせ　ゴキブリ**

カマキリ　トンボ　バッタ　セミ　ゴキブリ

 動物

メダカ

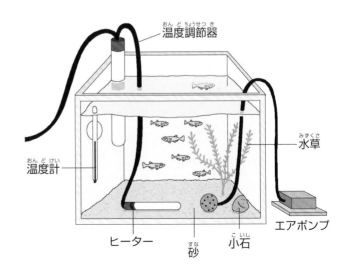 観賞用の黄色いメダカ はヒメダカというよ。

メダカ メダカは川や池などの淡水にすむ、4 ㎝ほど の大きさの魚です。

■ メダカのからだ

オスとメスでは、からだのつくりが少しちがっています。

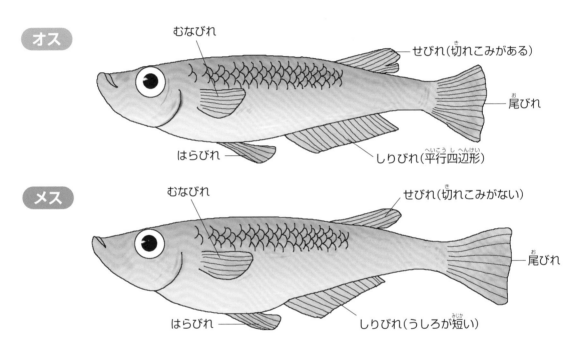

オス

むなびれ

せびれ(切れこみがある)

尾びれ

はらびれ

しりびれ(平行四辺形)

メス

むなびれ

せびれ(切れこみがない)

尾びれ

はらびれ

しりびれ(うしろが短い)

■ メダカの飼い方

メダカを飼うときは次のような点に 注意しましょう。

- 水そうは口の広いものを使う
- 水そうは直射日光が当たらない明るい 場所に置く
- 底には砂や小石をしき、水草を入れる
- くみ置きの水か、池や川の水を使う
- 水がにごってきたら、$\frac{1}{2}$～$\frac{1}{3}$ずつと りかえる
- 水温は23～27℃が適温

温度調節器

水草

温度計

ヒーター

砂

小石

エアポンプ

30

メダカの産卵

水温が18〜20℃以上になると産卵を始め、最もよく産卵するのは25℃のときです。

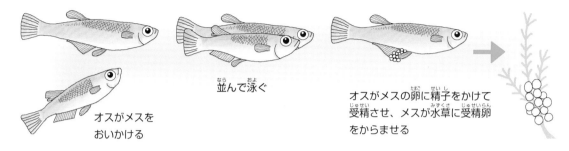

並んで泳ぐ

オスがメスを
おいかける

オスがメスの卵に精子をかけて
受精させ、メスが水草に受精卵
をからませる

メダカの育ち方

メスが水草に受精
卵をからませる

付着毛

油てき

はいばん（からだの
元になるもの）

3日目　目ができる

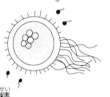

受精
メスの産んだ卵にオスが
精子をかけ、受精する

- 卵で生まれる（卵生）
- からだの外で受精する（体外受精）
- 水温25℃の場合、約11日でふ化する
- 子メダカはしばらくは腹に残っている
  卵黄の養分で育つ

8日目　心臓の動
き、血液の流れが
見えるようになる

オス

メス

卵黄
（養分を蓄えている）

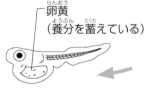

11日目　卵の膜を破って出てくる。
しばらくは腹に残っている卵黄にあ
る養分を使って育つ

水温と成長の関係

水温によって、ふ化するまでの日数に
ちがいがあります。ふ化率が高い最適
温度は約25℃で、温度が高すぎても
低すぎてもふ化率が下がります。

[卵の成長と水温の関係]

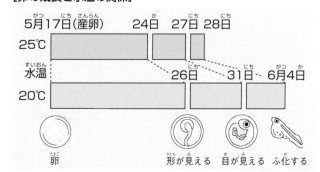

5月17日（産卵）　24日　27日　28日

25℃

水温

20℃

26日　31日　6月4日

卵　　　形が見える　目が見える　ふ化する

 動物

水中の小さな生物

プランクトン

水中で生活する小さな生物をプランクトンといいます。

植物プランクトン

植物プランクトンは光合成をすることができますが、自分では動けません。

ケイソウ　　　　　　ミカヅキモ　　　　　　ツヅミモ　　　　　　イカダモ

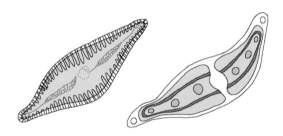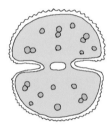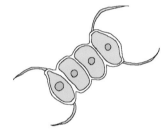

動物プランクトン

動物プランクトンは光合成をすることはできませんが、自分で動くことができます。

ゾウリムシ　　　　　　ミジンコ

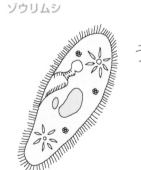

ミドリムシ

ミドリムシは光合成もでき、自分で動くこともできるよ。

 発展

赤潮

海水に生活するプランクトンが異常に多く発生して海水が赤く変色する現象を赤潮といいます。赤潮が原因で貝や魚が大量に死ぬことがあります。

生物

水中の生物のつながり

植物プランクトンと動物プランクトン、メダカなどの魚は食物連鎖や酸素と二酸化炭素のやりとりでつながっています。

水中の食物連鎖

水中では植物プランクトンは動物プランクトンのえさになり、植物プランクトンや動物プランクトンはメダカなどのえさになり食物連鎖ができています。

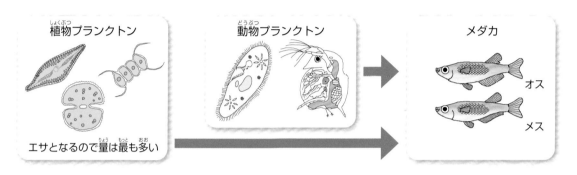

植物プランクトン / 動物プランクトン / メダカ（オス・メス）

エサとなるので量は最も多い

酸素と二酸化炭素のやりとり

植物プランクトン・動物プランクトン・メダカは酸素や二酸化炭素のやりとりでもつながっています。

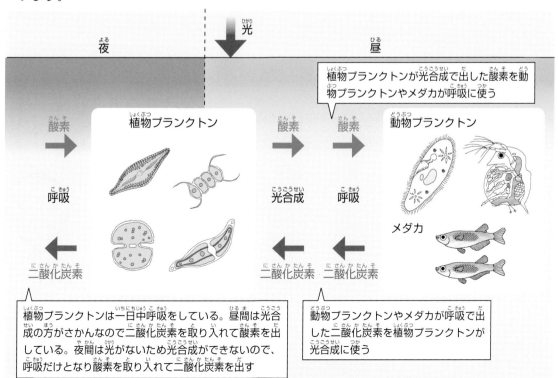

光　夜　昼

植物プランクトンが光合成で出した酸素を動物プランクトンやメダカが呼吸に使う

酸素　植物プランクトン　酸素　酸素　動物プランクトン

呼吸　光合成　呼吸　メダカ

二酸化炭素　二酸化炭素　二酸化炭素

植物プランクトンは一日中呼吸をしている。昼間は光合成の方がさかんなので二酸化炭素を取り入れて酸素を出している。夜間は光がないため光合成ができないので、呼吸だけとなり酸素を取り入れて二酸化炭素を出す

動物プランクトンやメダカが呼吸で出した二酸化炭素を植物プランクトンが光合成に使う

ヒトのからだ ①

骨格

わたしたちのからだは、200本あまりの骨が組み合わさって骨格をつくっています。骨格のはたらきは大きくわけて、次の4つがあります。

- からだを支える
- 体内にあるもの(臓器など)を守る
- 筋肉とつながり、からだを動かす
- 血液をつくる(赤色骨ずい)

骨格と筋肉

骨格だけでは、からだを動かすことができません。運動をするためには、筋肉が必要です。筋肉はけんによって骨とくっついています。筋肉は縮むことで、からだを動かします。

[ヒトの骨格]

頭骨(頭がい骨)
内部の脳を守る

ろっ骨
心臓や肺などを守る

背骨
からだを支える

骨ばん
内臓を守る、
からだを支える

大たい骨
からだを支える

場所によって、
はたらきがちがうんだね!

[骨格と筋肉]

① 動かない(頭骨など)

板状の骨がかみあっていて、動かない

② 少し動く(背骨など)

なん骨

やわらかくて弾力のある骨(なん骨)でつながっている部分は、わずかに動くようになっている

③ よく動く(手足の骨など)

関節によってつながっている骨は、筋肉とはたらきあってよく動く

まげる

のばす

この筋肉がゆるむ

この筋肉が縮む

けん

この筋肉が縮む

この筋肉がゆるむ

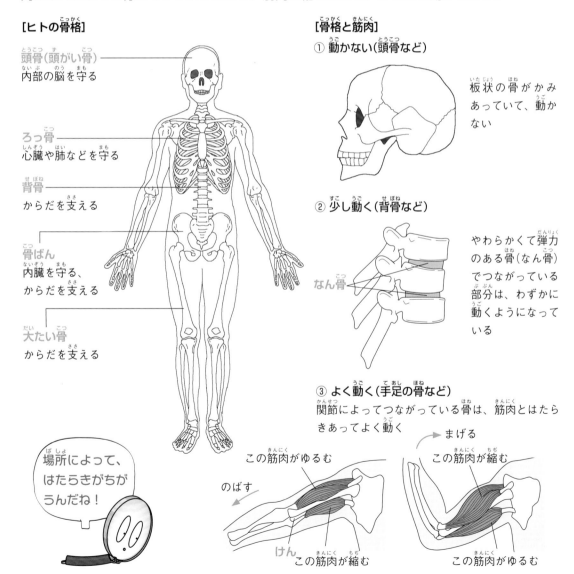

呼吸

空気を出し入れして、酸素と体内に生じた二酸化炭素を交換するはたらきを呼吸といい、そのための器官を呼吸器官といいます。

呼吸器官

鼻や口から入った空気は、気管、気管支を通ったあと肺へ届きます。さらに、肺の中には、二酸化炭素と酸素を交換するはたらきをもつ肺ほうがあります。

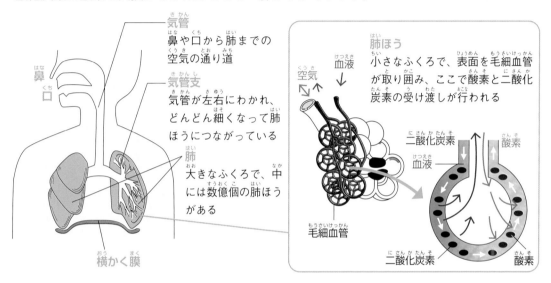

気管
鼻や口から肺までの空気の通り道

気管支
気管が左右にわかれ、どんどん細くなって肺ほうにつながっている

肺
大きなふくろで、中には数億個の肺ほうがある

横かく膜

肺ほう
小さなふくろで、表面を毛細血管が取り囲み、ここで酸素と二酸化炭素の受け渡しが行われる

空気

血液

二酸化炭素
血液

毛細血管

二酸化炭素

酸素

酸素

呼吸運動

肺には筋肉がないので、肺の下にある横かく膜やろっ骨を上下することによって、肺の容積を変化させています。

[横かく膜とろっ骨の動き]

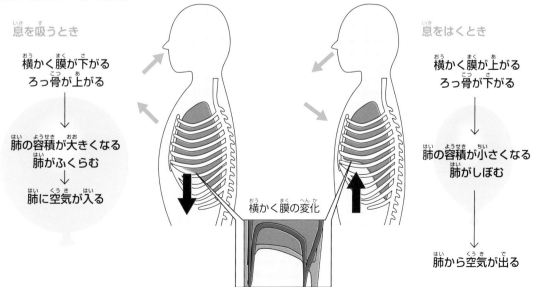

息を吸うとき

横かく膜が下がる
ろっ骨が上がる
↓
肺の容積が大きくなる
肺がふくらむ
↓
肺に空気が入る

横かく膜の変化

息をはくとき

横かく膜が上がる
ろっ骨が下がる
↓
肺の容積が小さくなる
肺がしぼむ
↓
肺から空気が出る

ヒトのからだ ②

心臓は血液を全身に送り出すはたらきをしています。心臓から送り出された血液は、からだを一周してふたたび心臓に戻ってきます。この血液のめぐりを血液じゅんかんといいます。

心臓のつくり

心臓は胸のほぼ真ん中（やや左より）にあり、こぶし大の大きさで、眠っているときでも動き続けています。心筋という筋肉でできていて、4つの部屋にわかれています。

[心臓の位置]

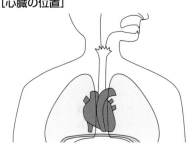

[ヒトの心臓（正面から見た図）]

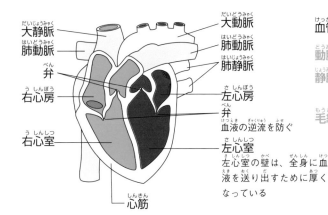

大静脈
肺動脈
弁
右心房
右心室
心筋

大動脈
肺動脈
肺静脈
左心房
弁
血液の逆流を防ぐ
左心室
左心室の壁は、全身に血液を送り出すために厚くなっている

血管の名前

動脈………心臓から出ていく血液が流れる血管

静脈………心臓に戻ってくる血液が流れる血管で、血液の逆流を防ぐ弁がある

毛細血管…動脈と静脈をつなぐ細い血管

行くどー　帰るじょー
（動脈）　（静脈）
で覚えよう！

[血液を送り出すしくみ]

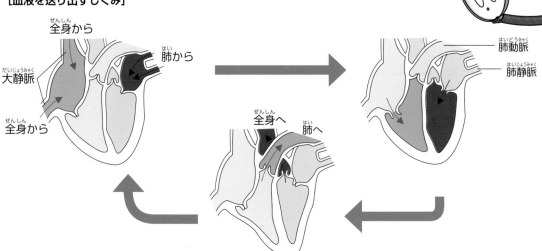

全身から
大静脈
全身から
肺から

全身へ
肺へ

肺動脈
肺静脈

血液じゅんかん

心臓から出た血液が、肺や全身をめぐって心臓に戻ることを、血液じゅんかんといいます。
全身をめぐるコース（体じゅんかん）と、肺と心臓をめぐるコース（肺じゅんかん）があります。

体じゅんかん…心臓から出た血液が全身をめぐって、また心臓に戻ってくるコース

| 心臓（左心室） | → | 大動脈 | → | 全身 | → | 大静脈 | → | 心臓（右心房） |

肺じゅんかん…心臓から出た血液が肺にいき、また心臓に戻ってくるコース

| 心臓（右心室） | → | 肺動脈 | → | 肺 | → | 肺静脈 | → | 心臓（左心房） |

[ヒトの血液じゅんかん]

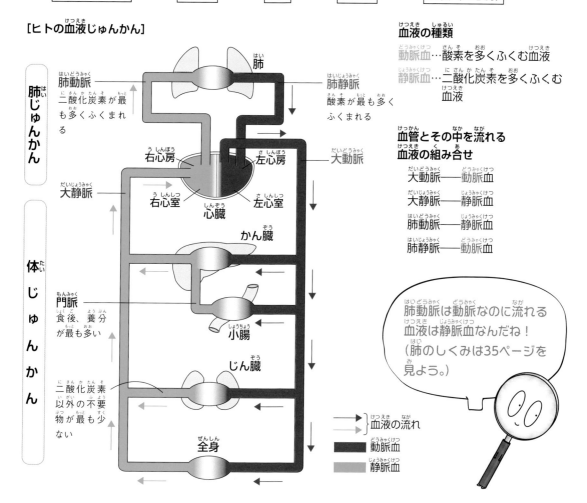

血液の種類

動脈血…酸素を多くふくむ血液

静脈血…二酸化炭素を多くふくむ血液

血管とその中を流れる血液の組み合せ

大動脈——動脈血

大静脈——静脈血

肺動脈——静脈血

肺静脈——動脈血

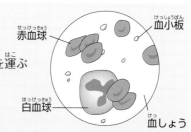

肺動脈は動脈なのに流れる血液は静脈血なんだね！
（肺のしくみは35ページを見よう。）

―――→ 血液の流れ

▇▇ 動脈血

▨▨ 静脈血

発展

血液の成分

血液は次の4つの成分からできています。

赤血球……ヘモグロビンという赤い色素をふくむ。酸素を運ぶ
白血球……細菌を殺す
血小板……出血したときに血を固める
血しょう（液体）…養分や二酸化炭素、不要物を運ぶ

血小板
赤血球
白血球
血しょう

ヒトのからだ ③

動物

消化と吸収

食物などを体内に吸収されやすいように、細かい物質に分解することを消化といいます。消化を助ける消化液には、消化酵素がふくまれていて、それぞれのはたらきが決まっています。

■ 消化器官

口から入った食物は、食道、胃、十二指腸、小腸、大腸を通って、最後にこう門から体外に出されます。食物が通る道は1つの管になっていて、これを消化管といいます。また、消化を助けるかん臓やたんのう、すい臓など消化にかかわるものをまとめて、消化器官といいます。

消化管（食物の通る道）

口 ⟶ 食道 ⟶ 胃 ⟶ 十二指腸 ⟶ 小腸 ⟶ 大腸 ⟶ こう門

[ヒトの消化器官]

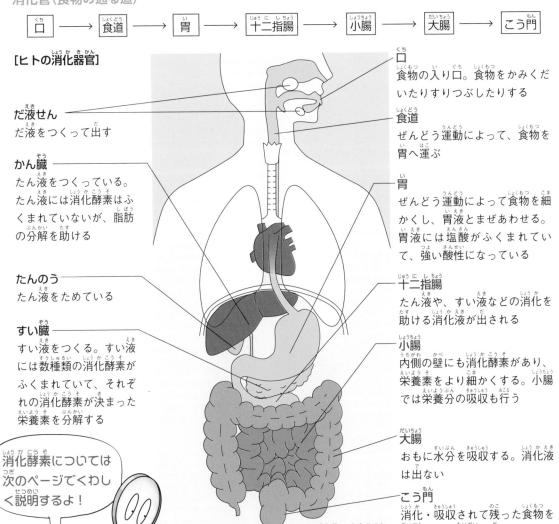

だ液せん
だ液をつくって出す

かん臓
たん液をつくっている。たん液には消化酵素はふくまれていないが、脂肪の分解を助ける

たんのう
たん液をためている

すい臓
すい液をつくる。すい液には数種類の消化酵素がふくまれていて、それぞれの消化酵素が決まった栄養素を分解する

消化酵素については次のページでくわしく説明するよ！

口
食物の入り口。食物をかみくだいたりすりつぶしたりする

食道
ぜんどう運動によって、食物を胃へ運ぶ

胃
ぜんどう運動によって食物を細かくし、胃液とまぜあわせる。胃液には塩酸がふくまれていて、強い酸性になっている

十二指腸
たん液や、すい液などの消化を助ける消化液が出される

小腸
内側の壁にも消化酵素があり、栄養素をより細かくする。小腸では栄養分の吸収も行う

大腸
おもに水分を吸収する。消化液は出ない

こう門
消化・吸収されて残った食物を大便として体外に出す

※赤字は消化管

消化酵素

食物は消化管を通る間に、消化酵素によって分解されます。消化酵素は、それぞれ決まった栄養素にだけはたらきます。栄養素は分解され、養分となって小腸から吸収され、全身にいきわたります。

[消化液による栄養素の分解]

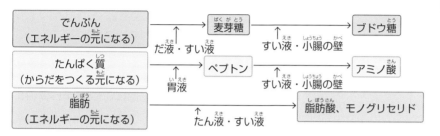

でんぷん、たんぱく質、脂肪を「三大栄養素」というよ。

[消化酵素]

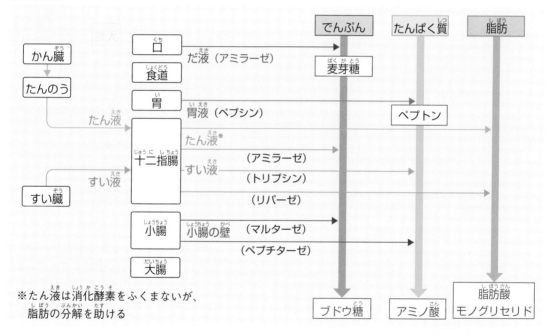

※たん液は消化酵素をふくまないが、脂肪の分解を助ける

だ液の特徴

- だ液にふくまれる消化酵素アミラーゼは、体温程度の温度のときよくはたらき、でんぷんを糖に変える
- だ液にふくまれる消化酵素アミラーゼは、低温でははたらかない
- 一度沸とうしただ液は、適温に戻してもはたらかない
- 一度冷やしただ液は、適温に戻すとはたらく

[小腸の内部]

小腸

毛細血管
ブドウ糖とアミノ酸を吸収

じゅう毛

リンパ管
じゅう毛で吸収された脂肪酸とモノグリセリドはリンパ管で脂肪となり運ばれる

ヒトのからだ ④

ヒトの感覚

ヒトには大きくわけると、見る、聞く、においをかぐ、味を感じる、さわる、の5種類の感覚があります。これを五感といいます。

五感

わたしたちは五感によって、いろいろなことを感じとり、動いています。また、五感を感じとる目、耳、鼻、舌、皮ふを感覚器官といいます。

五感と感覚器官

視覚……目でものを見る
聴覚……耳で音を聞く
嗅覚……鼻でにおいをかぐ
味覚……舌で味を感じる
触覚……皮ふでさわった感じや、痛い、暑い、冷たいなどを感じる

> 直感やれい感などの「第六感」は感覚器官ではないよ！

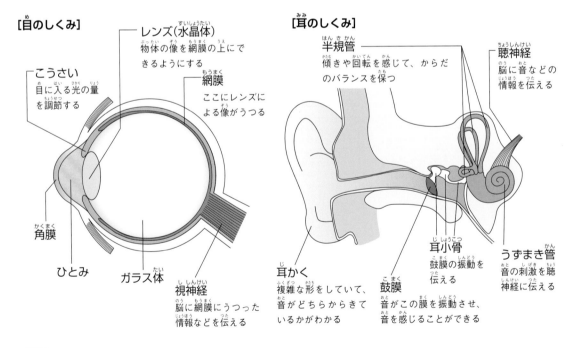

[目のしくみ]

レンズ(水晶体)
物体の像を網膜の上にできるようにする

こうさい
目に入る光の量を調節する

網膜
ここにレンズによる像がうつる

角膜

ひとみ

ガラス体

視神経
脳に網膜にうつった情報などを伝える

[耳のしくみ]

半規管
傾きや回転を感じて、からだのバランスを保つ

聴神経
脳に音などの情報を伝える

耳かく
複雑な形をしていて、音がどちらからきているかがわかる

鼓膜
音がこの膜を振動させ、音を感じることができる

耳小骨
鼓膜の振動を伝える

うずまき管
音の刺激を聴神経に伝える

発展 近視と遠視
レンズでできる像が網膜の前にできて像がぼけてしまうのが近視で、凹レンズのメガネをつけて矯正します。また、像が網膜の後ろにできて像がぼけてしまうのが遠視で、凸レンズのメガネをつけて矯正します。

ヒトの誕生

男性と女性は生まれた時からからだのつくりがちがい、10歳をすぎるころから、それぞれのからだに変化が現れてきます。男性の精子と女性の卵子が結びついて、新しい生命が誕生します。

男女のからだのちがい

男性のからだは、精巣で精子をつくり、できた精子は精のうにためられます。女性のからだは、卵巣で卵子をつくり、1か月に1個ずつ卵巣から卵管を通って子宮に向かいます。

[男性の性器]

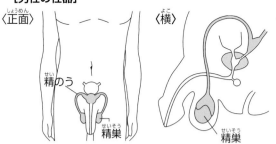

〈正面〉 〈横〉
精のう
精巣
精巣

[女性の性器]

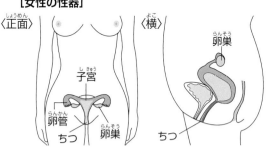

〈正面〉 〈横〉
子宮
卵巣
卵管
ちつ 卵巣
ちつ

生命の誕生

精子と卵子が結びつくことを受精といいます。受精した卵子は受精卵といい、母親の子宮のなかでおよそ38週間かけて、ゆっくり成長をしていきます。母親と胎児は、たいばんとへそのおを通して、物質の受け渡しをしています。

[受精から誕生まで]

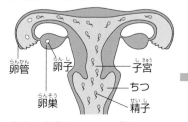

卵管 卵子 子宮
ちつ
卵巣 精子

精子が女性のからだに入る

卵管で卵子と精子が1つになる。（受精）受精卵が子宮のかべにつき、たいばんをつくる（着床）

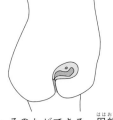

4週目 へそのおができる。母親はへそのおを通して胎児に養分と酸素を送り、胎児はへそのおを通して不要物と二酸化炭素を母親に送る

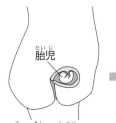

胎児

8週目 手や足の区別がつくようになる

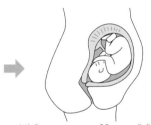

24週目 からだの細かい部分が発達していく。耳が聞こえるようになる。羊水の中でよく動く

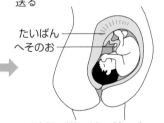

たいばん
へそのお

36週目 頭が下の方に下がってきて、出てくる準備をする

38週目（270日） 誕生。身長約50㎝、体重約3000g。産声をあげて、肺で呼吸を始める

動物の仲間わけ

動物は、背骨があるかないかで大きく2つにわかれます。背骨のある動物をセキツイ動物、背骨のない動物を無セキツイ動物といいます。

セキツイ動物

セキツイ動物は、魚類、両生類、は虫類、鳥類、ほ乳類の5種類にわけられます。同じセキツイ動物でも、呼吸のしかた、生活場所、子どもの育て方など、さまざまなちがいがあります。

[セキツイ動物の分類]

	魚類	両生類	は虫類	鳥類	ほ乳類
呼吸のしかた	えら	子：えら 親：肺	肺		
からだの表面	うろこ	ねんまく	うろこ、こうら、かたい皮	羽毛	毛
生活場所	水中	子：水中 親：水辺	おもに陸上		
体温	気温（水温）とともに変化する（変温動物）			一定（恒温動物）	
受精のしかた	体外受精		体内受精		
子の生まれ方	水中にからのない卵を産む（卵生）		陸上にからのある卵を産む（卵生）		子を産む（胎生）
子の育ち方	親は子の世話をしない			えさを与える	乳を与える
心臓のつくり	1心房1心室	2心房1心室	2心房2心室（不完全）	2心房2心室	
仲間	金魚 サメ エイ	カエル サンショウウオ イモリ	カメ ワニ ヘビ	ペンギン ニワトリ	コウモリ サル イルカ

無セキツイ動物

無セキツイ動物は、外骨格を持つものと、外骨格を持たないものにわけられます。
外骨格とは、骨がからだの外にあることをいいます。外骨格を持つ動物は節足動物とよばれ、昆虫やクモ、カニやエビがこの仲間です。昆虫やカニはかたいからで、からだがおおわれています。このからが骨にあたるのです。

[無セキツイ動物の分類]

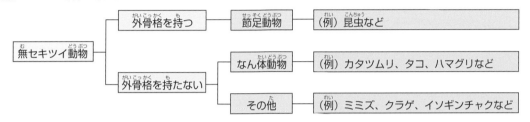

```
                    ┌─ 外骨格を持つ ───── 節足動物 ──── （例）昆虫など
無セキツイ動物 ─┤
                    │                    ┌── なん体動物 ── （例）カタツムリ、タコ、ハマグリなど
                    └─ 外骨格を持たない ─┤
                                         └── その他 ───── （例）ミミズ、クラゲ、イソギンチャクなど
```

[節足動物の分類]

	からだのつくり	あしの数	目のつくり	触角	仲間
昆虫類	頭・胸・腹の３つにわかれている。　ハチ 触角・複眼・単眼・はね・気門・あし（6本）頭・胸・腹	6本 （胸部に3対）	複眼と単眼	2本	セミ アゲハ
クモ類	頭胸・腹の２つにわかれている。　クモ 単眼・触肢・頭胸部・腹部・あし（8本）	8本 （頭胸部に4対）	単眼	触肢がある	ダニ サソリ（触肢はあしにふくまない）
こうかく類	頭胸・腹の２つにわかれている。　ザリガニ 頭胸部・腹部・触角・複眼・あし（10本）	おもに10本 （頭胸部に5対）	複眼と単眼	4本	カニ ダンゴムシ（あしは14本。多足類ではないので注意）
多足類	頭部・胴部の２つにわかれている。　ムカデ 触角・単眼・あし（多数）・頭部・胴部	多数 （胴部の節ごとに1・2対）	単眼	2本	ヤスデ ゲジ

四季の生き物（春・夏）

春の特徴

春になると木や草の芽が出て山や野原に緑があふれ、いろいろな花が咲き始めます。
また、卵やさなぎで冬をこした虫たちも活動を始めます。

春の植物

春に咲く花には、次のようなものがあります。

野原で見られる花………（例）シロツメクサ、ホトケノザ、オオイヌノフグリなど
花だんで見られる花……（例）チューリップ、アブラナ、パンジー、アネモネなど
公園や庭で見られる花…（例）サクラ、ツツジ、モモ、モクレン、ジンチョウゲなど

いろんな色や形の花があるね！

シロツメクサ　　　　　　パンジー　　　　　　サクラ

春の動物

春になると、虫や鳥、動物の動きも活発になります。例えば、カマキリが卵からふ化したり、ツバメが南の国からやってきたり、冬眠からさめたカエルやヘビが卵を産んだりします。

カマキリ　　　　　　　ツバメ　　　　　　　カエル

発展
桜前線

桜の開花には気温が大きく関係しています。そのため、地域によって桜の開花の時期が異なります。桜は、南から北に向かって順番に咲いていきますが、開花予想日を結んだ線のことを桜前線といいます。

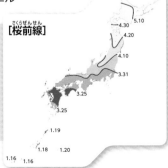

[桜前線]
5.10
4.30
4.20
4.10
3.31
3.25
3.25
1.19
1.18　1.20
1.16
1.16

夏の特徴

夏になると木や草が大きく成長します。

夏の植物

夏に咲く花には、次のようなものがあります。

野原で見られる花……(例)ヤマユリ、ヒルガオ、アジサイなど
花だんで見られる花…(例)ヒマワリ、アサガオ、ホウセンカ、ヘチマなど

ヤマユリ　　　　　　　　　アジサイ

ヒマワリ

夏の動物

夏になるとセミが鳴き、樹液を吸う虫たちが木に集まります。また、ツバメは巣をつくり、ひなを育てます。

アブラゼミ　　　　　　樹液に集まる虫
　　　　　　　　　（カナブンとオオムラサキ）

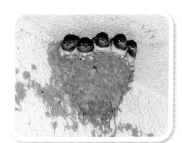

ツバメ

アブラゼミの鳴き声、知ってる？
ジージーって鳴くんだよ。

発展　花の咲く時間

花は昼に咲くものばかりではありません。種類によって、花が咲く時間や期間はさまざまです。

アサガオ………日の出前に咲いて1日でしぼむ
オシロイバナ…午後3時すぎに咲く
カラスウリ……夜中に咲く

夜中に咲くカラスウリの花は、夜行性のスズメガが受粉を手伝う

季節と生物

四季の生き物（秋・冬）

秋の特徴

秋になるとイチョウやカエデの葉が色づきます。
草むらでは、秋に鳴く昆虫の活動が活発になります。北の国から冬鳥が渡ってきます。

秋の植物

秋を代表する植物には、次のようなものがあります。
野原や花だんで見られる花…(例) ススキ、ヒガンバナ、コスモス、キクなど
葉の色が紅葉する植物………(例) イチョウ、カエデなど
また、秋はドングリなどの木の実や、カキなどの果実もできます。

赤く色づくものを紅葉、黄色く色づくものを黄葉と書くよ。

ススキ

コスモス

色づく
イチョウ（黄）とカエデ（赤）

秋の動物

秋に鳴く虫には次のようなものがあります。それぞれに鳴き声に特徴があります。
(例) コオロギ、スズムシ、マツムシ、キリギリスなど
冬になると日本にやってくる渡り鳥を冬鳥といいます。冬鳥は寒い地域から飛んできて、冬をすごします。そして春になるとまた寒い地域に帰っていきます。
(例) ハクチョウ、マナヅル、ガンなど

スズムシ

コオロギ

マナヅル

発展

ヒガンバナの越冬
ヒガンバナは秋に花が咲き、花がかれたあとに葉が出てきます。葉はしげった状態で冬をこし、春になるとかれます。根は球根になって夏をこします。

冬の特徴

多くの木は冬になると葉を落とし、植物は種子や根、茎で冬ごしをします。

動物の中には、冬の間、かれ葉や土の中などで冬眠をするものがあります。

冬の植物

冬に葉を落とす樹木を落葉樹といい、一年中葉をつけている樹木を常緑樹といいます。

落葉樹……(例)イチョウ、サクラ、クリ、アジサイなど
常緑樹……(例)マツ、ツバキ、キンモクセイなど

芽の周りをかたい皮やたくさんの毛などで守り、冬をこす植物もあります。この芽を冬芽といいます。また、葉で冬をこすタンポポやナズナは、北風から身を守り、地面からの放熱を防ぐために、地面に葉を広げた形になります。これをロゼット葉といいます。

冬に花を咲かせるツバキ(常緑樹)　　冬芽(コブシ)　　ロゼット葉(タンポポ)

冬の動物

寒さや食料不足から身を守るために冬眠をする動物は、巣の中で冬の間眠り続けます。クマのメスは冬眠の間に子どもを産みます。昆虫の冬ごしの方法はさまざまです。

冬眠をする動物……(例)カエル、ヘビ、カメ、ヤマネ、クマなど

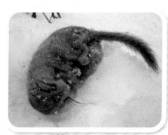
ヤマネの冬眠

[昆虫の冬ごし]

卵	オビカレハ　アキアカネ　バッタ　カマキリ
幼虫	カブトムシ　ミノガ　セミ　トンボ(ギンヤンマなど)
さなぎ	モンシロチョウ　アゲハ
成虫	キチョウ　ミツバチ　ナナホシテントウ　アリ

覚え方

昆虫の冬ごしの覚え方

[幼虫] 要注意！冬の**か**みなり**せ**なかに**飛**んだ
(幼虫) カブトムシ　ミノガ　セミ　トンボ

[卵] **卵**に**帯**の**あきばかま**
(卵)オビカレハ　アキアカネ　バッタ　カマキリ

[成虫] **きちょう**な**三**つ**星** **アリ**の**親**
キチョウ　ミツバチ　ナナホシテントウ　アリ(成虫)

身近な理科　浸透圧

半透膜をはさんで、こい水溶液とうすい水溶液（または水）が接していると、うすいほうからこいほうへ、水が移動します。
このはたらきを浸透圧といいます。

ナメクジに塩

ナメクジの体の表面は、水を通しやすい半透膜でできています。そのため、ナメクジに塩をかけると、体のまわりがこい食塩水でおおわれたようになって、体の中の水分が外へ出てしまい、体が縮んでしまいます。

半透膜のつくり

半透膜には、目に見えない小さな穴が空いています。水のつぶはとても小さいのでこの穴を通ることができますが、水にとけた砂糖などのつぶは、穴よりも大きいので通ることができません。

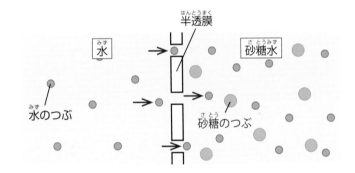

身近な半透膜

人や動物、植物などの体は、細胞という小さな部屋のようなものが集まってできています。細胞を包む膜は半透膜でできていて、水や、水にとけた養分などを細胞の中に取り入れたり、不要なものを細胞の外へ出したりしています。

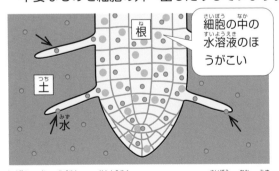

細胞の中の水溶液のほうがこい

植物の根の表面は、半透膜になっています。細胞の中の水にはいろいろなものがとけているので、水は、浸透圧によって根に取り入れられます。

細胞の外の水溶液のほうがこい

野菜に塩をまぶすと、浸透圧によって水分がどんどん外に出ていきます。このはたらきを利用しているのがつけ物です。

実験 半透膜を利用して、だ液のはたらきを調べよう！

セロハンは半透膜です。「でんぷんのりとだ液を混ぜた液」「でんぷんのりと水を混ぜた液」をセロハンに入れて40℃の湯につけてしばらくおき、セロハンの中と外の液をヨウ素液とベネジクト液で調べよう。

でんぷんのり＋水

でんぷんのり＋だ液

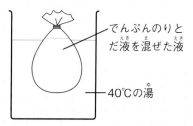

ヨウ素液はでんぷんが、ベネジクト液は糖があるかどうかを調べることができる。

	セロハンの中の液	セロハンの外の液
ヨウ素液の変化	青紫色になる	変化しない
ベネジクト液の変化	変化しない	変化しない

	セロハンの中の液	セロハンの外の液
ヨウ素液の変化	変化しない	変化しない
ベネジクト液の変化	赤褐色になる	赤褐色になる

セロハンの外の液にでんぷんがないことから、セロハンはでんぷんを通さないことがわかる。

セロハンの中の液のでんぷんがなくなり、セロハンの中と外の液に糖があることから、でんぷんが分解されて、セロハンを通るつぶの小さな糖になったことがわかる。

つぶの大きいでんぷんは、だ液によって消化されて、つぶの小さく、体に取り入れやすい糖に変わったんだ。

発展

淡水魚と海水魚

海水には約3％、魚の体には約0.9％の塩分がふくまれています。海にすむ海水魚は、海水をそのまま取り入れてしまうと、浸透圧によって体の水分がうばわれてしまうので、えらやじん臓のはたらきによって塩分を体の外に出すしくみがあります。反対に、川や湖にすむ淡水魚には、体の水分をうばわれないためのしくみがあります。

海水魚の体のしくみ

海水

塩分

塩分の多い尿

顕微鏡の使い方

① 直射日光の当たらない明るい場所に置きます。
② 接眼レンズをはめてから対物レンズをはめます。
③ 接眼レンズをのぞきながら反射鏡を動かして、視野が明るくなるようにします。
④ プレパラートをステージ（のせ台）にのせ、試料（観察するもの）が対物レンズの真下になるように固定します。
⑤ 横から見ながら調節ねじを回して、対物レンズとプレパラートを近づけます。
⑥ 接眼レンズをのぞいたまま、対物レンズとプレパラートを遠ざけながらピントを合わせます。
（逆に回すとプレパラートと対物レンズが接触する危険があります）

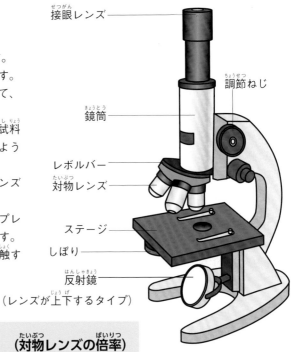

接眼レンズ
調節ねじ
鏡筒
レボルバー
対物レンズ
ステージ
しぼり
反射鏡

（レンズが上下するタイプ）

倍率　＝　（接眼レンズの倍率）　×　（対物レンズの倍率）
倍率を高くすると、視野は暗くなります。

注意
・レンズ面をさわらないようにします。
・はじめは低い倍率で観察します。低倍率の方が見える範囲が広く、明るいです。

プレパラートの作り方

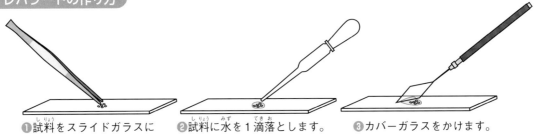

① 試料をスライドガラスにのせます。
② 試料に水を1滴落とします。
③ カバーガラスをかけます。

像の動かし方

顕微鏡の視野では、実物と上下左右が反対になって見えます。プレパラートの動きとレンズを通して見た像の動きとは反対になります。

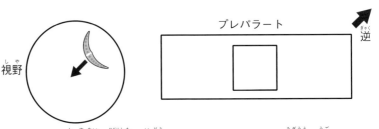

視野
プレパラート
逆

視野内で左下へ移動するにはプレパラートを右上に動かす

第2章
化学

　食塩や砂糖は水温が高い方がとける量が多くなります。食塩水は食塩が水にとけた中性の水溶液です。炭酸水は二酸化炭素が水にとけた酸性の水溶液です。気体は水温が高くなるととける量が少なくなります。砂糖がとけると砂糖水ができます。氷がとけると水になります。鍾乳洞は石灰石が長い間にとけてできた洞窟です。ここで三種類のとけるがでてきました。

　この章では水溶液や気体の性質や特徴、とけるのちがいについてなどを学習します。実験などで得られた表やグラフの数値を読み取り、数値を自由に使えるようになることがポイントです。

もののとけ方

溶解

とけること

ものが水にとけるとは、ものをつくっているつぶが細かくなって、水全体に広がることです。

3つのとける

「とける」には、溶解、融解、化学変化の3種類があります。

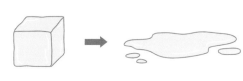

さとうが水にとける（溶解）　　　氷がとける（融解）　　　石灰石が塩酸にとける（化学変化）

塩酸　　石灰石

水溶液

さとうや食塩などを水にとかしたものを水溶液といいます。

（例）　水にさとうをとかす　→　さとうの水溶液（さとう水）
　　　　水に食塩をとかす　→　食塩の水溶液（食塩水）

食塩を水に入れる　　　食塩のつぶがバラバラになり水全体に広がる　　　つぶの広がりが見えなくなる

水溶液の色とこさ

水溶液はとうめいになります。（水溶液に色がついていても液はとうめいです）

また、とけたもののこさはどこでも同じです。

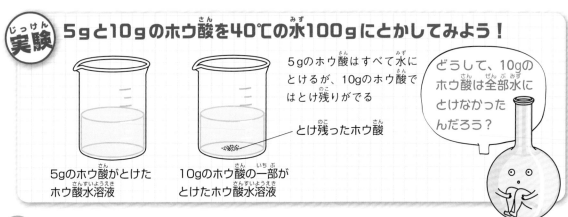

実験 **5gと10gのホウ酸を40℃の水100gにとかしてみよう！**

5gのホウ酸はすべて水にとけるが、10gのホウ酸ではとけ残りがでる

とけ残ったホウ酸

5gのホウ酸がとけたホウ酸水溶液

10gのホウ酸の一部がとけたホウ酸水溶液

どうして、10gのホウ酸は全部水にとけなかったんだろう？

水にとけるものの量には、それぞれかぎりがあります（溶解度）。ふつうは100gの水にどれだけの量がとけるかを調べます。

水温ととける量

とける限界の量は水の温度によって変わります。固体はふつう水温が高くなるほど、とける量も多くなります。

右のグラフから、60℃の水100gに、ホウ酸と食塩を10gずつとかしたとき、さらにとかすことができる量を求める

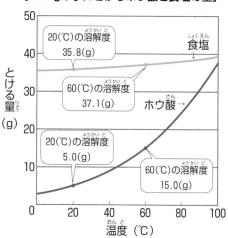

[100gの水にとけるホウ酸と食塩の量]

20（℃）の溶解度 35.8（g）　食塩

60（℃）の溶解度 37.1（g）　ホウ酸→

20（℃）の溶解度 5.0（g）

60（℃）の溶解度 15.0（g）

とかしたもの	溶解度	とかした量	計算式	とかすことのできる量
ホウ酸	15.0g	10.0g	15.0－10.0＝ 5.0	5.0g
食塩	37.1g	10.0g	37.1－10.0＝27.1	27.1g

60℃の水100gにホウ酸と食塩が限界までとけている水溶液を20℃まで冷やすとき、出てくる固体の量を求める

とかしたもの	とかした量	60℃の溶解度	20℃の溶解度	計算式	固体になって出てくる量
ホウ酸	15.0g	15.0g	5.0g	15.0－5.0＝10.0	10.0g
食塩	37.1g	37.1g	35.8g	37.1－35.8＝ 1.3	1.3g

ろ過

液体をこしてとけていない固体をとり出すことをろ過といいます。

ろ紙

ろ紙を四つに折る

ろうとの形にする

ろうとにはめて水でぬらす

液をガラス棒に伝わらせて静かに注ぐ

結晶

食塩水を平らなお皿などに入れておくと水が蒸発してほぼ立方体をした食塩のつぶが出てきます。このつぶのことを結晶といいます。雪も水の結晶です。またダイヤモンドや水晶なども自然にできた結晶です。

食塩の結晶

ものの燃え方 ①

燃焼
ねんしょう

ものが燃えることを燃焼といいます。

燃焼の3条件

ものは、燃えるもの、空気(酸素)、発火点以上の温度(ものが燃えることのできる温度)の3つの条件がすべてそろっていないと燃えません。

ガスのせんを閉じるとガスがとまるので火が消える

空気(酸素)がないとランプの火は消える

水をかけて温度を下げると火は消える

ろうそくの燃え方

ろうそくは、しんにしみこんだろうの液体が、熱せられて気体になり、それが燃えて炎になります。ろうそくが燃えると、ろうにふくまれている炭素と水素が酸素とむすびついて、二酸化炭素と水ができます。

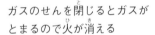

ろう(炭素と水素)

$炭素 + 酸素 → 二酸化炭素$

$水素 + 酸素 → 水$

ろうそくの炎

ろうそくの炎は、大きく外炎・内炎・炎心の3つにわけることができます。

外炎(外側のぼんやりした部分)
最も温度が高い部分

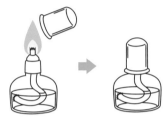

炎心(しんのまわりの暗い部分)
ろうが気体になっている部分。温度は低い

内炎(真ん中の明るい部分)
すすが熱せられて光るので、最も明るい部分

実験 ろうそくの炎で実験してみよう！

実験1 炎にぬれたわりばしを入れる

外炎にふれた部分が黒くこげる

わりばしが炎の外側（外炎）にふれた部分がこげて黒くなる。この部分の温度が高いことがわかる

実験2 炎にガラス棒を入れる

内炎にふれた部分にすすがつく

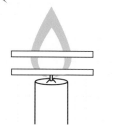

ガラス棒が炎の真ん中の明るい部分（内炎）にふれた部分に黒いすす（炭素のつぶ）がつく。この部分にすすがあることがわかる

実験3 炎にガラス管を入れ、出てくるものを確認する

ガラス管から出てきた白い煙に火をつけると炎を出して燃える

ガラス管をしんのまわりの部分（炎心）に入れたときだけ、白い煙が出てきてこの煙に火をつけると燃える。これは、この部分に燃えるもの（ろうがとけた気体）があるため

実験4 しんをピンセットではさむ

しんをピンセットではさむと炎が消える

しんをピンセットではさむと炎が消える。これはしんを伝わっていくろうを、ピンセットでとめてしまうため

実験5 炎に金網をかぶせる

金網の上から黒い煙（すす）が上がる

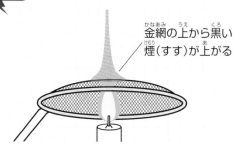

炎の真ん中の明るい部分（内炎）に金網をかぶせると、金網の上に炎は出ない。これは炎の熱が金網にうばわれたため。また、金網の上から黒い煙が上がる。黒い煙の正体はすす（炭素のつぶ）

実験のさいは、やけどや火事に十分注意しよう。

燃焼

ものの燃え方 ②

酸化

ものが燃えるとき、ものは光や熱を出しながら酸素とむすびつき別のものに変わります。このように、ものが酸素とむすびつくことを酸化といい、その結果できたものを酸化物といいます。

| 酸化 | もの + 酸素 → 酸化物 |

ゆっくりな酸化

鉄などの金属がさびるのは金属が空気中の酸素とむすびつき酸化したためです。また、使い捨てカイロがあたたかくなるのも、カイロの中にある鉄の粉と空気中の酸素がむすびついたときに出る熱（酸化熱）を利用しています。さらに、わたしたちの体内でも栄養分と酸素をむすびつけること（酸化反応）によって消化し、吸収した養分をエネルギーに変えています。

さびた金属

急激な酸化（燃焼や爆発など）

熱や光をともなって急激に酸化するのが燃焼です。燃焼よりも、さらに急激に起きる酸化が爆発です。
水素と酸素をまぜたものに炎をつけて反応させると爆発して水ができます。

水素 + 酸素 → 水
爆発

鉄が酸素の中で燃える

発展

燃焼を利用したエネルギー

ロケットに使われている液体燃料や電気自動車などに利用されている燃料電池は、水素と酸素の燃焼を利用したものです。ガソリンなどの燃焼のように二酸化炭素を出さず、水しか出ない、環境にやさしいエネルギーです。

液体燃料を使って打ち上げされるロケット

金属の燃焼

金属が燃焼（酸化）したときの特徴には次のようなものがあります。
- 燃焼しても二酸化炭素は出ない
- 色が変わる
- 元の金属の性質とちがう性質になる
- 酸素とむすびつくためその酸素の分だけ重くなる

マグネシウムの燃焼

マグネシウム ＋ 酸素 → 酸化マグネシウム
（銀色）　　　　　　　　　（白色）

マグネシウムの燃焼

銅の燃焼

銅 ＋ 酸素 → 酸化銅
（かっ色）　　　　（黒色）

銅の粉末の燃焼

燃やす量と酸化物の量

マグネシウムや銅を燃やす（酸化させる）とき、燃やす量を2倍、3倍…にすると、できる酸化物の量も2倍、3倍…になります。マグネシウムを2倍にすれば、酸化マグネシウムも2倍できるということです。

[酸化マグネシウムと酸化銅の生成量]

燃焼させる前の重さ(g)		2.0	4.0	6.0	8.0	10.0	12.0
燃焼後の重さ(g)	酸化マグネシウム	3.4	6.8	10.2	13.6	17.0	20.4
	酸化銅	2.5	5.0	7.5	10.0	12.5	15.0

燃焼前の重さと燃焼後の重さは比例するんだね。

発展　酸化鉄

鉄が酸化した酸化鉄に、黒さびがあります。
黒さびはインクや繊維、陶器などに色をつけたり、音楽用テープ、ビデオテープ、磁気カード、磁気ディスクなどに使用されています。

水溶液

ものを水にとかした液を水溶液といいます。
水溶液はとけているものによって性質が決まります。

水溶液の性質

水溶液は次のような性質でわけることができます。

・においがあるかないか　　　　　　・固体・気体・液体のどれがとけているか
・酸性、中性、アルカリ性のどれにあてはまるか
・電流を流すか流さないか

水溶液にとけているもの

食塩水は食塩（固体）がとけているので、水を蒸発させると固体が残ります。アルコール水はアルコール（液体）が、炭酸水は二酸化炭素（気体）がとけているので蒸発させると何も残りません。

食塩（固体）が残る　　　　　　　何も残らない　　　　　　　何も残らない

食塩水を蒸発させる　　　　アルコール水を蒸発させる　　　炭酸水を蒸発させる

酸性、中性、アルカリ性

水溶液が酸性、中性、アルカリ性のどれかを調べるには指示薬を使用します。

指示薬	酸性	中性	アルカリ性
リトマス試験紙(赤)	赤(変化なし)	赤(変化なし)	青
リトマス試験紙(青)	赤	青(変化なし)	青(変化なし)
ＢＴＢ溶液	黄	緑	青
ムラサキキャベツ溶液	赤　　ピンク	紫	緑　　黄
フェノールフタレイン液	無色(変化なし)	無色(変化なし)	赤

覚え方

リトマス紙　┌ (酸性)　　成績は3　（青→赤は酸）
　　　　　　│　　　　　青赤酸性　　青赤酸
　　　　　　└ (アルカリ性)　赤信号、青くなったら歩きましょう　（赤→青はアルカリ）
　　　　　　　　　　　　　　赤　　　青　　　　　アルカリ性　　　赤青

58

水溶液の性質を調べることは、その水溶液の正体を知る手がかりになるよ。

いろいろな水溶液の性質

[酸性の水溶液]

水溶液	とけているもの	状態	におい	電流を流すかどうか
塩酸	塩化水素	気体	ある	流す
炭酸水	二酸化炭素	気体	ない	流す
ホウ酸水	ホウ酸	固体	ない	流す
酢酸水	酢酸	液体	ある	流す

[中性の水溶液]

水溶液	とけているもの	状態	におい	電流を流すかどうか
過酸化水素水	過酸化水素	液体	ない	流さない
食塩水	塩化ナトリウム（食塩）	固体	ない	流す
砂糖水	砂糖	固体	ない	流さない
アルコール水	アルコール	液体	ある	流さない

中性では食塩水が電流を流すんだね。

[アルカリ性の水溶液]

水溶液	とけているもの	状態	におい	電流を流すかどうか
水酸化ナトリウム水溶液	水酸化ナトリウム	固体	ない	流す
アンモニア水	アンモニア	気体	ある	流す
石灰水	水酸化カルシウム	固体	ない	流す
重そう水	炭酸水素ナトリウム（重そう）	固体	ない	流す

酸性・アルカリ性の水溶液は電流を流すよ。

気体の発生 ①

酸素

酸素は次のような性質をもつ気体です。
- 無色とうめい、においはない
- 水にとけにくい
- ものを燃やしたり、さびをつくる（酸化させる）はたらき

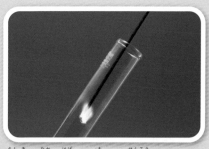
酸素の中で激しく燃える線香

酸素の発生

二酸化マンガンに過酸化水素水を注ぐと酸素が発生します。

$$過酸化水素 \quad \rightarrow \quad 酸素$$
$$\uparrow$$
$$二酸化マンガン$$

酸素は過酸化水素が変化してできたもので、二酸化マンガンは変化しません。二酸化マンガンは過酸化水素が変化しやすいように助けるはたらきをしています。
二酸化マンガンのように自分は変化しないで反応を助けるものを触媒といいます。

酸素の集め方

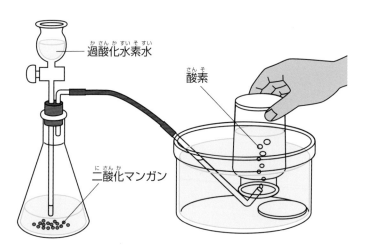
過酸化水素水
酸素
二酸化マンガン

水上置換法

二酸化マンガンを入れた三角フラスコに過酸化水素水を注ぐ。発生した酸素は水にとけにくいので水をみたした試験管や集気びんなどで集める

発展

オキシドール
うすい過酸化水素水はオキシドールともよばれています。傷口などにつけるとからだの中にある物質と反応し酸素を発生することで消毒する作用があります。

過酸化水素水と二酸化マンガンによる酸素の発生

酸素の発生量は、過酸化水素水の量とこさに関係しています。また、酸素の発生する速さは、二酸化マンガンの量や温度に関係しています。

過酸化水素水の量とこさとの関係

過酸化水素水の量が２倍、３倍…になると酸素の発生量も２倍、３倍…になります。

過酸化水素水のこさが２倍、３倍…になると酸素の発生量も２倍、３倍…になります。

二酸化マンガンの量との関係

二酸化マンガンの量が多いほど酸素の発生は速く、激しくなります。

しかし、酸素の発生量は変わりません。

[酸素の発生量と発生速度]（過酸化水素水の量は同じ）

条件	①	②	③	④
二酸化マンガンの量〔g〕	0	0.5	1.0	0.5
過酸化水素水のこさ〔%〕	3	3	3	6

過酸化水素水の量を変えても酸素の発生量が変わるよ。

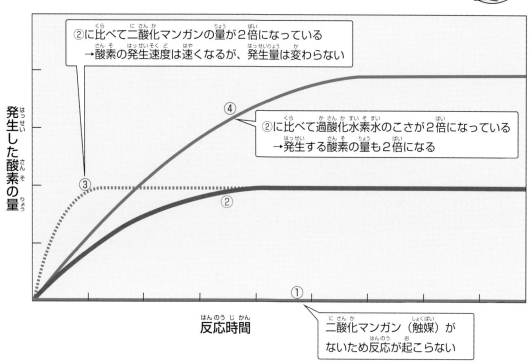

②に比べて二酸化マンガンの量が２倍になっている
→酸素の発生速度は速くなるが、発生量は変わらない

④

②に比べて過酸化水素水のこさが２倍になっている
→発生する酸素の量も２倍になる

③

②

①

発生した酸素の量

反応時間

二酸化マンガン（触媒）がないため反応が起こらない

気体の発生 ②

水素は次のような性質を持つ気体です。

- 無色とうめい、においはない
- 最も軽い気体
- 酸素とまぜて火をつけると爆発して水ができる
- 水にとけにくい
- 火をつけると青い炎で燃える

水素の発生

亜鉛にうすい塩酸を注ぐと水素ができます。

亜鉛 ＋ 塩酸 → 水素

亜鉛のかわりにアルミニウムや鉄などでも水素が発生します。このように、多くの金属は塩酸にとけ、水素を発生させますが、銅、水銀、銀、白金、金は塩酸にとけません。また、塩酸のかわりに、うすい硫酸を使っても水素が発生します。

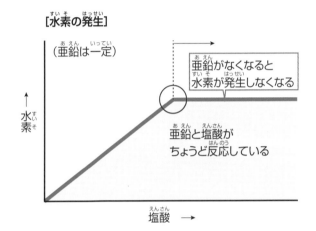

[水素の発生]

（亜鉛は一定）

水素

塩酸 →

亜鉛がなくなると水素が発生しなくなる

亜鉛と塩酸がちょうど反応している

水素の集め方

発生した水素は、水上置換法や上方置換法で集めます。

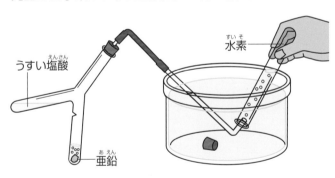

うすい塩酸

水素

亜鉛

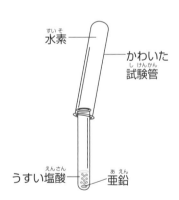

水素

かわいた試験管

うすい塩酸

亜鉛

水上置換法

二股試験管のくびれのある方に亜鉛を入れ、もう一方にうすい塩酸を入れる。試験管を傾けて塩酸を亜鉛側へ注ぐ。水素は水にとけにくいので水をみたした試験管などで集める

上方置換法

水素は空気より軽いので試験管に亜鉛とうすい塩酸を入れ、試験管の上で少し大きめの試験管で発生した水素を集める

覚え方

塩酸にとけない金属 　（ひ）どすぎる、借 金は塩酸にとけない
　　　　　　　　　　　　銅 水銀 銀　　白金 金

二酸化炭素は次のような性質を持つ気体です。
- 無色とうめい、においはない
- 水にとける(炭酸水)
- 空気よりも重い
- 石灰水に通すと白くにごる

ドライアイスは二酸化炭素が固体になったものだよ。

■ 二酸化炭素の発生

石灰石にうすい塩酸を注ぐと二酸化炭素ができます。

石灰石 ＋ 塩酸 → 二酸化炭素

炭酸水素ナトリウム(重そう)を加熱しても二酸化炭素が発生します。

炭酸水素ナトリウム 〔加熱〕→ 二酸化炭素

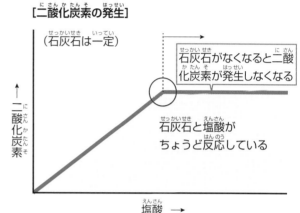

[二酸化炭素の発生]

(石灰石は一定)

石灰石がなくなると二酸化炭素が発生しなくなる

石灰石と塩酸がちょうど反応している

↑二酸化炭素

塩酸 →

■ 二酸化炭素の集め方

発生した二酸化炭素は下方置換法で集めます。また発生量は、水上置換法を使ってはかります。

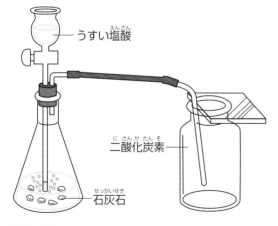

うすい塩酸

二酸化炭素

石灰石

下方置換法
石灰石を入れた三角フラスコにうすい塩酸を注ぐ。発生した二酸化炭素は水にとけ、空気よりも重いのでびんの中の空気と置きかえて集める

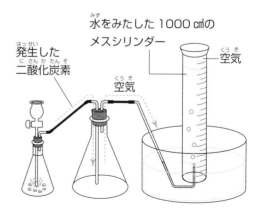

水をみたした 1000 cm³のメスシリンダー

空気

発生した二酸化炭素

空気

水上置換法
水上置換する間にもう一つ三角フラスコを置いて中の空気を追い出し、追い出された空気を水上置換して量をはかると、発生した二酸化炭素の量がわかる

63

気体の発生 ③

水素の発生量

一定量の塩酸に亜鉛を加えていくと、塩酸がなくなったところで水素は発生しなくなります。
また、塩酸がなくなる前までは、加える亜鉛を2倍、3倍……にすると発生する水素も2倍、3倍……になります。

水素の発生量を計算しよう

右のグラフは塩酸20cm³に亜鉛を加えていったときに発生する水素の量を示しています。

このグラフをもとに、下記の問に答えなさい。

問題を解くときは、塩酸20cm³に亜鉛1.6gがちょうど反応して、水素が600cm³発生するので、これを基準に考えます。

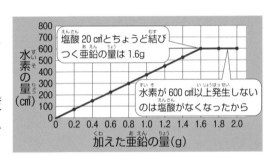

塩酸20cm³とちょうど結びつく亜鉛の量は1.6g

水素が600cm³以上発生しないのは塩酸がなくなったから

問1 塩酸30cm³に亜鉛3.2gを加えると水素は何cm³発生しますか？

解説 塩酸の方が亜鉛より少なく1.5倍なので、発生する水素も1.5倍の
600×1.5＝900　となる。

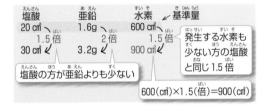

発生する水素も少ない方の塩酸と同じ1.5倍

塩酸の方が亜鉛よりも少ない

600（cm³）×1.5（倍）＝900（cm³）

[答え] 900cm³

問2 問1で水素の発生が止まったときに残っている亜鉛は何gですか？

解説 亜鉛は1.6gの1.5倍の2.4gしかとけていないので残る亜鉛は0.8g。

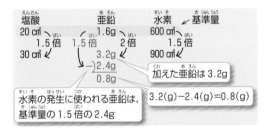

水素の発生に使われる亜鉛は、基準量の1.5倍の2.4g

加えた亜鉛は3.2g

3.2（g）－2.4（g）＝0.8（g）

[答え] 0.8g

問3 問2でさらに水素を発生させるには塩酸を最低何cm³加えればよいですか？

解説 残っている亜鉛0.8gは基準量の1.6gの0.5倍なので、塩酸は基準量の0.5倍の
20×0.5＝10cm³　加えればよい。

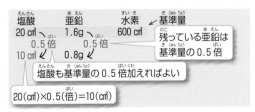

残っている亜鉛は基準量の0.5倍

塩酸も基準量の0.5倍加えればよい

20（cm³）×0.5（倍）＝10（cm³）

[答え] 10cm³

問4 問3で発生する水素は何cm³ですか？

解説 塩酸も亜鉛も基準量の0.5倍使っているので、発生する水素は基準量の0.5倍の
600×0.5＝300cm³　となる。

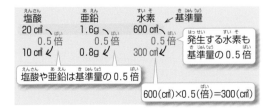

発生する水素も基準量の0.5倍

塩酸や亜鉛は基準量の0.5倍

600（cm³）×0.5（倍）＝300（cm³）

[答え] 300cm³

二酸化炭素の発生量

一定量の石灰石に塩酸を加えていくと石灰石がなくなったところで二酸化炭素は発生しなくなります。
また、石灰石がなくなる前までは、加える塩酸を2倍、3倍……にすると発生する二酸化炭素も2倍、3倍……になります。

二酸化炭素の発生量の考え方は水素の発生のときと同じだよ。

二酸化炭素の発生量を計算しよう

右のグラフは石灰石10gに塩酸を加えていったときに発生する二酸化炭素の量を示しています。このグラフをもとに、下記の問に答えなさい。
問題を解くときは、石灰石10gと塩酸30㎤がちょうど反応して二酸化炭素が1200㎤発生するので、これを基準に考えます。

石灰石10gとちょうど結びつく塩酸の量は30㎤

二酸化炭素が1200㎤以上発生しないのは石灰石がなくなったから

加えた塩酸の量(g)

問5 石灰石25gに塩酸90㎤を加えると二酸化炭素は何㎤発生しますか？

解説 石灰石の方が塩酸より少なく2.5倍なので、発生する二酸化炭素も2.5倍の
1200×2.5＝3000㎤ となる。

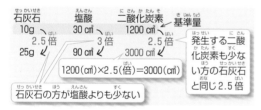

［答え］3000㎤

問6 問5で二酸化炭素の発生が止まったときに残っている塩酸は何㎤ですか？

解説 塩酸は30㎤の2.5倍しか使わないので残る塩酸は15㎤。

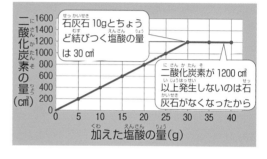

［答え］15㎤

問7 問6でさらに二酸化炭素を発生させるには、石灰石を最低何g加えればよいですか？

解説 残っている塩酸15㎤は基準量の30㎤の0.5倍なので、石灰石は基準量の0.5倍の
10×0.5＝5g 加えればよい。

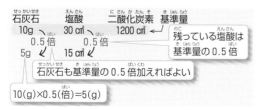

［答え］5g

問8 問7で発生する二酸化炭素は何㎤ですか？

解説 石灰石も塩酸も基準量の0.5倍使っているので、発生する水素は基準量の0.5倍の
1200×0.5＝600㎤ となる。

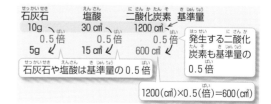

［答え］600㎤

中和

酸性の水溶液にアルカリ性の水溶液をまぜることを中和といいます。また、酸性の水溶液とアルカリ性の水溶液がまざり、中性の水溶液になることを完全中和といいます。

酸性の水溶液　＋　アルカリ性の水溶液　→　中性の水溶液

中和の例

塩酸　＋　水酸化ナトリウム水溶液　→　食塩水（食塩＋水）
（酸性）　　　（アルカリ性）　　　　　　（中性）

炭酸水　＋　石灰水　→　炭酸カルシウム＋水
（酸性）　　（アルカリ性）　　　　（中性）
　　　　　（水にとけないで白くにごる）

石灰水に二酸化炭素を入れたとき白くにごるのは、下の式と同じことが起こり、水にとけない炭酸カルシウムができるからだよ。

完全中和させたときの水溶液の量

塩酸と水酸化ナトリウム水溶液をまぜて完全中和させるときの塩酸と水酸化ナトリウム水溶液の量は、一方が2倍、3倍…になれば、もう一方も2倍、3倍…になります。

[完全中和させたときの塩酸と水酸化ナトリウム水溶液の量(㎤)]

		2倍	3倍			
塩酸	10	20	30	40	50	60
水酸化ナトリウム水溶液	5	10	15	20	25	30
		2倍	3倍			

[塩酸と水酸化ナトリウム水溶液の中和]

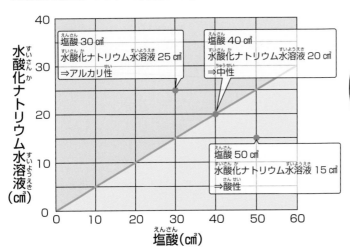

塩酸 30 ㎤
水酸化ナトリウム水溶液 25 ㎤
⇒アルカリ性

塩酸 40 ㎤
水酸化ナトリウム水溶液 20 ㎤
⇒中性

塩酸 50 ㎤
水酸化ナトリウム水溶液 15 ㎤
⇒酸性

完全中和する塩酸と水酸化ナトリウム水溶液の量より、塩酸が多ければ液体は酸性、水酸化ナトリウム水溶液が多ければアルカリ性だよ。

塩酸と水酸化ナトリウム水溶液を中和させたときに水を蒸発させると、残る物質は何だろう？

 実験1 一定量の塩酸に水酸化ナトリウム水溶液を加えてゆく

一定量の塩酸に水酸化ナトリウム水溶液を加えていくと、2つの水溶液はどんどん中和されていき、食塩と水になるので、食塩の量は増えてゆく

完全中和したあとも水酸化ナトリウム水溶液を加えていくと、水酸化ナトリウム水溶液の中にとけている水酸化ナトリウムがどんどん増えていくため、この水溶液にとけている物質（水酸化ナトリウム）の量も増えてゆく

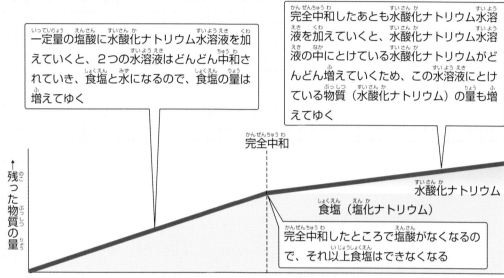

完全中和

残った物質の量

水酸化ナトリウム

食塩（塩化ナトリウム）

完全中和したところで塩酸がなくなるので、それ以上食塩はできなくなる

加えた水酸化ナトリウム水溶液の量→

 実験2 一定量の水酸化ナトリウム水溶液に塩酸を加えてゆく

一定量の水酸化ナトリウム水溶液に塩酸を加えていくと、2つの水溶液はどんどん中和されていき食塩と水になるので食塩の量は増えてゆく

はじめに水酸化ナトリウム水溶液にとけていた水酸化ナトリウムは、塩酸と中和して食塩になっていくにしたがいどんどん減っていき、完全中和したところですべてなくなる

完全中和したところで水酸化ナトリウムがなくなるので、それ以上食塩はできなくなる

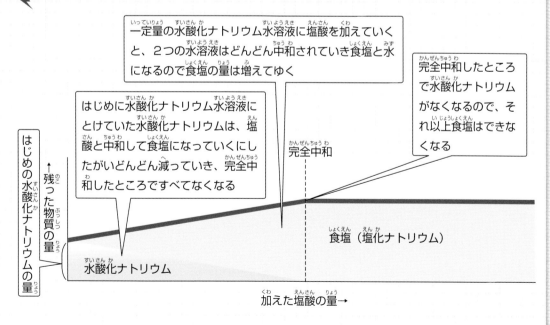

はじめの水酸化ナトリウムの量

残った物質の量

完全中和

食塩（塩化ナトリウム）

水酸化ナトリウム

加えた塩酸の量→

熱と変化

状態変化

水の状態変化

水は温度により、氷・水・水蒸気に変化します。これを水の状態変化といいます。

氷をとかしたときの状態変化

氷は１気圧のとき、０℃で水になります。また水は100℃で水蒸気になります。

気圧とは空気の圧力のことで、海面と同じ高さのところではほぼ１気圧だよ。

[１気圧のもとでの水の状態変化]

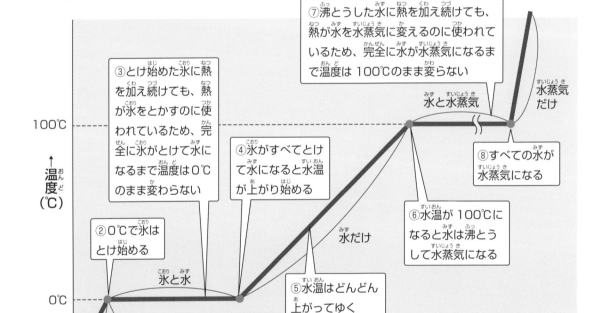

③とけ始めた氷に熱を加え続けても、熱が氷をとかすのに使われているため、完全に氷がとけて水になるまで温度は０℃のまま変わらない

⑦沸とうした水に熱を加え続けても、熱が水を水蒸気に変えるのに使われているため、完全に水が水蒸気になるまで温度は 100℃のまま変らない

水と水蒸気

水蒸気だけ

④氷がすべてとけて水になると水温が上がり始める

⑧すべての水が水蒸気になる

⑥水温が 100℃になると水は沸とうして水蒸気になる

②０℃で氷はとけ始める

水だけ

↑温度（℃）

100℃

氷と水

⑤水温はどんどん上がってゆく

０℃

氷だけ

①０℃より低い温度の氷に熱を加えているので、温度が上がる

-20℃

熱を加えた時間→

水蒸気は目に見えないよ。沸とうした水から出てくる白い煙は湯気で、湯気は水蒸気が冷やされて小さな霧状の粒になったものだよ。

68

温度により、ものが固体・液体・気体になることを状態変化といいます。

物質の状態変化

液体が固体なることを凝固、固体が液体になることを融解といいます。

また、液体が気体になることを蒸発、気体が液体になることを凝縮といいます。

さらに、固体から気体あるいは気体から固体に直接変化することを昇華といいます。

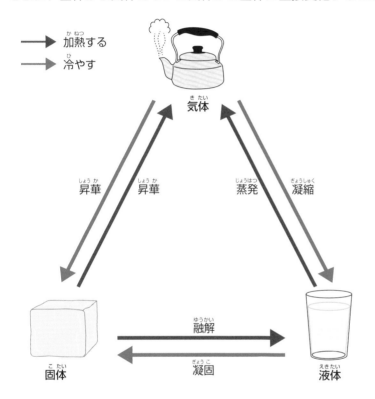

凝固
水が氷になるように、液体が冷やされて固体になること

融解
氷が水になるように、固体が熱せられて液体になること

蒸発
水が水蒸気になるように、液体が気体になること

凝縮
気体が冷やされて液体になること

昇華
固体が熱せられてすぐに気体になること、または反対に気体が冷やされてすぐに固体になること

氷がとけても水面の高さは変わらない？

コップいっぱいの水に氷が浮かんでいます。この氷がすべてとけても、水面の高さは変わらず、コップの水が外にあふれることはありません。これは、氷がとけて水になると体積が減るからです。

状態変化によって、体積も変化するんだね。

熱と変化 熱量

熱の移動

熱は温度の高いものから低いものへ移り、最後は両方とも同じ温度になります。

温度が高いもの　　→　　温度が低いもの
（熱の移動）

熱量

熱を数値で表したものを熱量といいます。単位はカロリーです。
1カロリーは1gの水の温度を1℃上げるのに必要な熱量です。

必要なカロリー　＝　水の重さ(g)　×　上下する水の温度(℃)

（例）20℃で100gの水を50℃にするのに必要な熱量　100g×30℃＝3000カロリー

実験 お湯から水への熱の移動を調べよう！

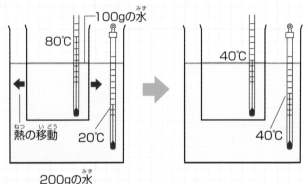

20℃の水が200g入ったビーカーに80℃の水が100g入った小さなビーカーを入れて温度の変化を調べると、水温の高い小さなビーカーの熱が水温の低い大きなビーカーの方へ移る。最後は同じ温度（40℃）になる

水温の計算をしてみよう！

小さなビーカーの熱量＝100g×80℃＝8000カロリー
大きなビーカーの熱量＝200g×20℃＝4000カロリー

2つの熱量の合計
　＝8000カロリー＋4000カロリー＝12000カロリー

2つのビーカーに入っている水の合計
　＝100g＋200g＝300g

2つの熱量の合計が両方の水にわけられるので、
　12000÷300＝40℃

2つのビーカーの温度は40℃におちつく

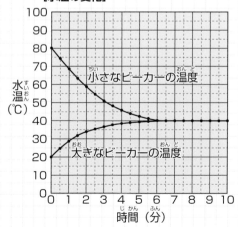

[水温の変化]
小さなビーカーの温度
大きなビーカーの温度
水温（℃）
時間（分）

実験 氷から水への熱の移動を調べよう！

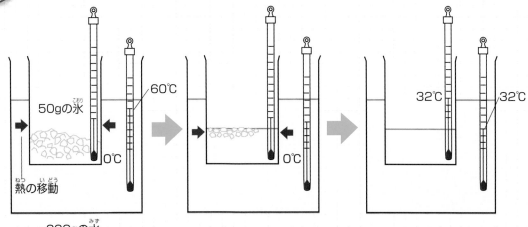

60℃の水が200g入った大きなビーカーに0℃の氷50gが入った小さなビーカーを入れると、水温の高い大きなビーカーの熱が氷に伝わり、とけて水になる。この間、氷をとかすために熱が使われているので小さなビーカーの水の温度は0℃のまま変わらない。小さなビーカーの氷がすべて水になると、小さなビーカーの水の温度は上がっていき両方のビーカーに入っている水の温度は同じ32℃になる

氷をとかすのに必要な熱量を計算してみよう！

60℃の水200gが40℃になったときに氷がすべてとけた。

氷がとけるのに必要な熱量

= (60℃-40℃)×200g=4000カロリー

氷は50gなので、1gの氷をとかすのに必要な熱量は、

4000÷50=80カロリー

氷がとける間は、熱量が使われても、温度は0℃から上がらないんだね。

水温の計算をしてみよう！

氷がすべてとけて水になったときの
小さなビーカーの熱量

=50g×0℃=0カロリー

大きなビーカーの熱量

=200g×40℃=8000カロリー

2つの熱量の合計

= 0カロリー+8000カロリー=8000カロリー

2つのビーカーに入っている水の合計

=50g+200g=250g

2つの熱量の合計が両方の水にわけられるので、

8000÷250=32℃

になるので、2つのビーカーの温度は32℃におちつく。

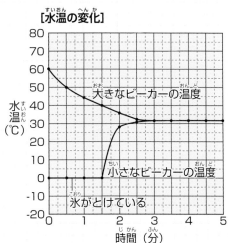

[水温の変化]

実験器具と使い方・2

上皿てんびんの使い方

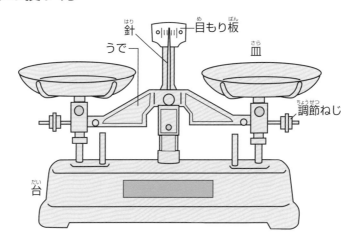

針　目もり板
うで
皿
調節ねじ
台

準備

❶ 上皿てんびんを水平な場所に置きます。

❷ つり合っていることを確認します。このとき針が中央で止まらなくても、針が左右に同じだけふれていればつり合っています。

❸ つり合っていないときは、うでについている調節ねじを回してつり合うようにします。（傾いている方とは逆の方へねじを動かします。ねじは右に回すと前へ移動します）

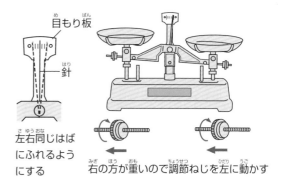

目もり板
針
左右同じはばにふれるようにする

右の方が重いので調節ねじを左に動かす

重さのはかり方

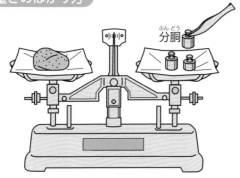

分胴

❶ 重さをはかりたいものを左の皿にのせます。

❷ ピンセットを使い分銅を右の皿にのせていき、つり合うようにします。（つり合ったときの分銅の合計の重さが、はかっているものの重さになります）

薬品のはかり方

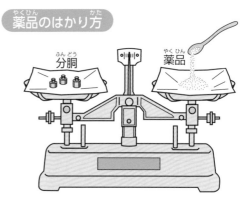

分胴　　薬品

❶ 左右の皿に同じ薬包紙をのせます。

❷ 左の皿に、はかりたい重さぶんの分銅をピンセットでのせます。

❸ 右の皿に薬品をのせていき、つり合うようにします。

※左ききの人は置くものを左右逆にします。

メスシリンダーの使い方

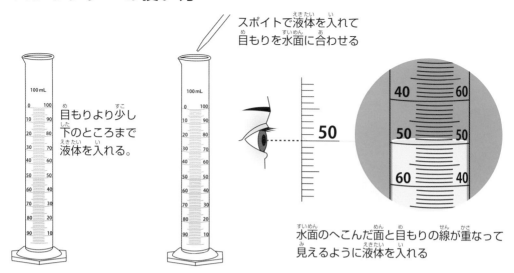

スポイトで液体を入れて目もりを水面に合わせる

目もりより少し下のところまで液体を入れる。

水面のへこんだ面と目もりの線が重なって見えるように液体を入れる

液体のはかり方

① メスシリンダーを水平な場所に置きます。
② はかりたい量の目もりより少し下のところまで液体を入れます。
③ スポイトではかりたい量の目もりまで液体を入れていきます。

目もりの読み方

真横から見て液の面がへこんだところの目もりを読みます。

メスシリンダーには、mL、cm³、ccと表示されているものがあるけど、どれも同じ体積のことだよ。

気体検知管の使い方

カバーゴム　気体検知管　印　ハンドル

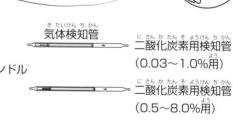

気体検知管

二酸化炭素用検知管
（0.03〜1.0%用）

二酸化炭素用検知管
（0.5〜8.0%用）

酸素用検知管
（6.0〜24.0%用）

① 調べたい気体用の気体検知管を用意します。
② 検知管の両はしを折ります。（チップホルダへ検知管の先を入れ、回してきずをつけてから、たおして折ります）
③ 検知管の片方（Gのマークがついた方）にカバーゴムをつけます。（検知管の先でけがをしないためです）
④ 検知管のカバーゴムをつけなかった方を気体採取器にさしこみます。
⑤ 調べたい気体の入っている容器へ検知管を入れます。
⑥ 気体採取器の印にハンドルの赤線を合わせてからハンドルをいっきに引きます。
その後、決められた時間だけ待ちます。
⑦ 検知管をとりはずします。色が変わった部分の目もりを読み取ります。

気体検知管の印にハンドルの赤線を合わせ、ハンドルを引き上げる

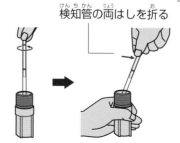

検知管の両はしを折る

チップホルダ

アルコールランプの使い方

アルコールの量

アルコールは容器の8分目程度にしておきます。

しんの調整

ランプから出ているしんが、ちょうどよい長さになっているか確認します。（出ているしんが長いほど炎も大きくなります）

火のつけ方

❶ランプのふたをはずします。ふたは立てて置いておきます。
❷ランプを左手で押さえながらマッチの火を横から近づけます。

火の消し方

ランプを左手で押さえながら、ふたをななめ上からかぶせます。

ガスバーナーの使い方

火のつけ方

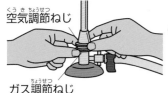

空気調節ねじ

ガス調節ねじ

❶ガス調節ねじ、空気調節ねじが閉まっているか確認します。

元せん

❷ガスの元せんを開きます。

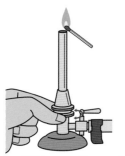

❸ガス調節ねじを少しずつ開き火をつけたマッチを近づけて点火します。

❹ガス調節ねじを回して炎の大きさを調節します。

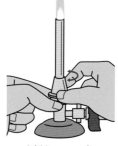

❺ガス調節ねじを押さえながら空気調節ねじを少しずつ開いて炎を青色にします。

火の消し方

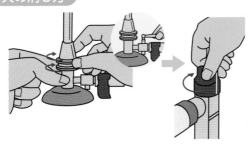

空気調節ねじを閉じてからガス調節ねじを閉じます。最後にガスの元せんを閉じます。

実験器具は使用方法を守って正しく使おうね。

第3章 地学

　宇宙船地球号は太陽系に属する8個の惑星のうち、太陽から3番目にある惑星です。地球には月という衛星が1個あります。夜空には太陽の仲間の恒星がたくさん輝き、1億年以上をかけて地球に届く星の光もあります。

　地球は1日に1回地軸を中心に自転し、1年に1回太陽の周りを公転しています。自転も公転も西から東に動くので、太陽も星も月も東から出て西に沈み、季節によって見える星座がちがいます。地球は表面温度が約6000℃の太陽からほどよい距離にあるので水があり生命が誕生しました。水はいろいろな地形をつくり、わたしたちはそこに生活していろいろな自然現象を体験しています。

　この章では宇宙の中の地球について、いろいろな角度から学習します。太陽や星や月の動き方、身のまわりの自然現象のしくみなどを理解することがポイントです。

地球・月・太陽

地球の大きさと距離

地球は太陽を回る惑星のひとつで、球形をしています。
直径は約1万3000km、地球を一回りする赤道の長さは約4万kmです。

北極星の方向
自転の向き
北極
23.4度
南極
地軸

地軸は公転している面に垂直な方向に対し、23.4度傾いている

地球

地球の自転…地球は1日に1回、西から東へ回転しています。

地球の公転…地球は自転しながら、1年かけて太陽の周りを回っています。

地軸の傾き…地球の北極と南極を結んだ直線を地軸といい、地軸は公転している面に垂直な方向に対し、23.4度傾いています。

緯度と経度…地球上の位置は、緯度と経度で表されます。

緯度
赤道を基準に赤道からどのくらい離れているかを0度から90度で表し、赤道から離れるほど数字が大きくなる
赤道は0度、北極は北緯90度、南極は南緯90度

世界標準時子午線
北極
75°
60°
45°
30°
15°
緯度（北緯）
赤道
0°
15°
30°
45°
60°
75°
90°
経度（東経）
南極

経度
地表面に沿って北極点と南極点をむすんだ線を子午線、または経線という
イギリスの旧グリニッジ天文台にある基準点を通るものをグリニッジ子午線（世界標準時子午線）という。
ここから東のほうは東経、西のほうは西経として、0度から180度で表す。東経180度と西経180度は同じもので、この子午線に沿って日付変更線がある

北極点と南極点をむすぶ子午線の長さは約20000km

兵庫県明石市を通る東経135度の経線が、日本標準時子午線になっている

覚え方
子午線の長さ

$4 \times 5 \times 1000 = 20000$
子　午　　線　　は 20000km

月の大きさと地球からの距離

月は地球の衛星で、太陽や地球と同じように球形です。月の直径は約3500kmで、地球の約$\frac{1}{4}$、太陽の約$\frac{1}{400}$です。地球から月までの距離は約38万kmで、地球から太陽までの距離の約$\frac{1}{400}$です。

太陽の大きさと地球からの距離

太陽は高温の気体でできた自分で光っている恒星です。表面温度は6000℃で、黄色に輝いて見えます。直径は約140万kmで、地球の直径の約109倍です。地球から太陽までの距離は約1億5000万kmで、月までの距離の約400倍です。

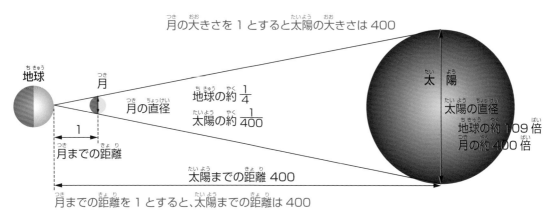

月の大きさを1とすると太陽の大きさは400

地球　月　地球の約$\frac{1}{4}$　月の直径　太陽の約$\frac{1}{400}$　太陽　太陽の直径 地球の約109倍 月の約400倍

1　月までの距離　太陽までの距離 400

月までの距離を1とすると、太陽までの距離は400

発展　月の裏側が見えない理由

月の自転…月は、地球が1日で1回転するのと同じように、軸を中心に回転しています。
月の公転…月は一定の速さで地球の周りを回っています。
月の自転周期と公転周期は、どちらも同じ27.3日です。
そのため、月はいつも地球に同じ面を向けていて、地球から月の裏側を見ることはできません。

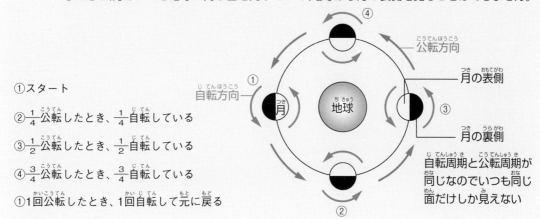

①スタート
②$\frac{1}{4}$公転したとき、$\frac{1}{4}$自転している
③$\frac{1}{2}$公転したとき、$\frac{1}{2}$自転している
④$\frac{3}{4}$公転したとき、$\frac{3}{4}$自転している
①1回公転したとき、1回自転して元に戻る

公転方向　月の表側　自転方向　月　地球　月の裏側
自転周期と公転周期が同じなのでいつも同じ面だけしか見えない

覚え方
月の自転公転周期　　ツナサンド
　　　　　　　　　　2 7. 3 日

太陽の動き ①

太陽の日周運動

太陽は朝、東の方から出てきて、南の空を通って、夕方西の方に沈みます。それは地球の自転のために起こる見かけの現象です。

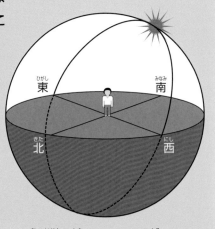

地平線から出ているときが昼

東　南　北　西

地平線の下にあるときが夜

- 地球は地軸を中心として、1日に1回、西から東へと自転するので、太陽は東から西へ1日1周するように見えます。

- 夜になり太陽が沈むと、自転している地球上の観測者にとっては、太陽は地平線の下におりて、やがてぐるっと回って、朝になるとまた東のほうから上がってくるように見えます。

太陽の季節の動き

太陽の動きは1年中同じではなく、毎日、少しずつ変わっていきます。地球が地軸を傾けたまま公転しているために、太陽の通り道が季節によって変化するのです。

夏至
太陽は真東より最も北よりの方角から出て、真西より最も北よりの方角に沈む。この日、日本では昼の長さが1年のうちで最も長くなる

春分の日・秋分の日
太陽は真東から出て、真西に沈む。昼の長さと夜の長さがほぼ同じになる

冬至
太陽は真東より最も南よりの方角から出て、真西より最も南よりの方角に沈む。この日、日本では、昼の長さが1年のうちで最も短くなる

東　北　南　西

棒のかげと太陽の動き

地面に垂直に立てた棒の、かげの長さ
と動きによって、太陽の動きを知るこ
とができます。

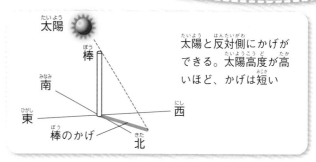

太陽と反対側にかげが
できる。太陽高度が高
いほど、かげは短い

[1日のかげの動き]

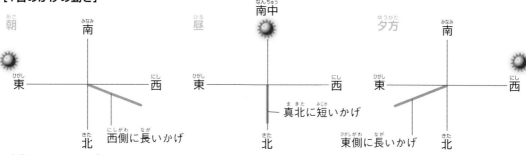

[季節によるかげの動き]

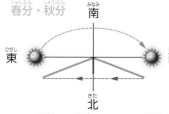

かげの先端は、東西をむすんだ直線
と平行に、西から東に動く

日の出・日の入りの位置が真東、真西より
北側になるので、南側にもかげができる

日の出・日の入りの位置が真東、真西より南
側になるので、北側にしかかげができない

季節による昼の長さのちがい

太陽は東のほうから出て、南の空を通り、西のほうに沈みます。
太陽が真南にくることを南中といいます。
日の出から日の入りまでが、昼です。右図から、
夏は昼が長く、冬は昼が短いことがわかります。

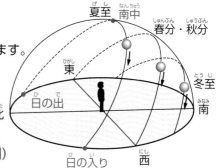

昼の長さの求め方　（日の入りの時刻）―（日の出の時刻）

下の表から、昼の長さを計算してみましょう。（時刻の計算は24時制で行います。）

[日の出・日の入りの時刻(東京・2013年)] 〔天文情報センター〕

	3月30日	6月30日	9月30日	12月30日
日の出の時刻	5：31	4：28	5：35	6：50
日の入りの時刻	18：01	19：01	17：27	16：37

　　3月30日　（18：01）―（5：31）＝（17：61※）―（5：31）＝12：30（12時間30分）

　　（※1時間は60分なので18：01を17：61として計算。）

同様にして計算して比べると、昼の長さが季節によってちがうことがわかります。

太陽の動き ②

南中高度と南中時刻

太陽は正午ごろに南中しますが、そのときの太陽の高さを南中高度、そのときの時刻を南中時刻といいます。南中高度と南中時刻は季節や場所によって変化します。

南中高度と南中時刻の求め方

南中高度の求め方

> 春分・秋分：(90度 − その土地の緯度)
> 夏至　　　：(春分の南中高度 + 23.4度)
> 冬至　　　：(春分の南中高度 − 23.4度)

南中時刻の求め方

> ① 日の出の時刻 + (昼の長さ÷2)
> ② (日の出の時刻 + 日の入りの時刻) ÷ 2

23.4度は地軸の傾きだよ。

[日の出・日の入りの時刻と昼の長さ（東京・2013年3月30日）]

日の出の時刻	5：31
日の入りの時刻	18：01
昼の長さ	12時間30分

東京の3月30日の南中時刻を求めてみましょう。

① 5：31＋(12：30÷2)＝11：46

② (5：31＋18：01)÷2＝11：46

南中時刻は場所によって変わるよ。東にある場所ほど、太陽が早く南中するんだね。

計算するときの注意！

(5：31＋18：01)÷2 ＝ (23：32)÷2
　　　　　　　　　　＝ (22：92※)÷2
　　　　　　　　　　＝11：46

(※1時間は60分なので23：32を22：92として計算。)

場所による南中時刻のちがい

日本では東経135度の明石市で太陽が南中したときを正午と決めています。太陽は1日に360度（1時間に15度、4分で1度）動くので、これを元に南中時刻からその地点の経度を、逆に経度から南中時刻を求めることができます。

[正午のときのかげ]

長崎（東経約130度）　明石（東経135度）　東京（東経約140度）

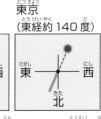

長崎の南中時刻は経度が5度西だから20分おそくなり、東京の南中時刻は経度が5度東だから20分早くなる

地球の公転と南中高度の変化

地球は地軸を傾けたまま、太陽の周りを公転しているので、季節によって南中高度が変化します。地軸の傾きは、公転している面に垂直な方向に対して、23.4度です。公転も自転も、北極側から見て左回りです。

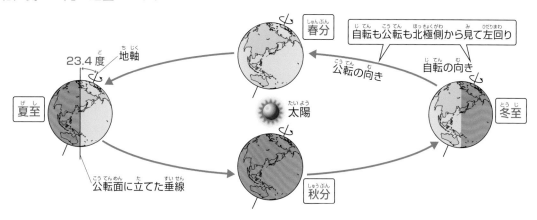

地軸の傾きと南中高度

夏至のとき…地軸の北側が太陽の方に傾き、
　　　　　　北半球では南中高度が高く、
　　　　　　昼が長くなります。

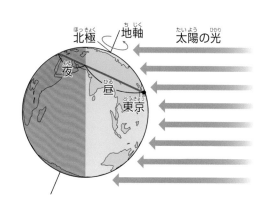

冬至のとき…地軸の北側が太陽と反対の方に傾き、北半球では南中高度が低く、昼が短くなります。

太陽が真上に南中する地点

太陽が真上に南中する地点は季節によって異なります。

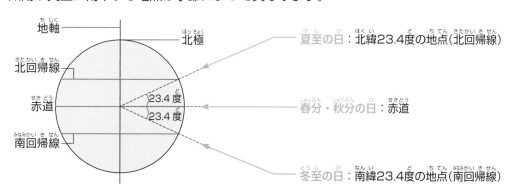

星のすがた

星の明るさと星の色

星の明るさ…夜空でいちばん明るい星を1等星、肉眼で見えるいちばん暗い星を6等星とします。1等級ちがうと、明るさは約2.5倍になり、1等星は6等星の(2.5×2.5×2.5×2.5×2.5)で、約100倍の明るさになります。

星の色…星は表面温度によって、見える色がちがいます。表面温度が高い星は青白く、表面温度が低くなるにつれて赤っぽくなります。

おもな星の色と表面温度

星の色は表面温度が高いものから青白→白→黄→だいだい→赤に見えます。

[星の表面温度と色]

表面温度	← 高い　　約15000℃	約6000℃	低い →　　約3000℃		
色	青白	白	黄	だいだい	赤
おもな星	リゲル、スピカ、レグルス	ベガ、シリウス、デネブ、アルタイル	プロキオン、カペラ、太陽	アルデバラン、ポルックス	アンタレス、ベテルギウス

オリオン座の星の色

冬に見えるオリオン座は、ベテルギウスとリゲルという2つの1等星を持つ星座です。ベテルギウスは表面温度が低いため赤色をしており、リゲルは表面温度が高いため青白い色をしています。

また、オリオンのベルトとよばれる三つ星は、3つとも2等星で、春分や秋分の太陽と同じように、ほぼ真東からのぼって真西に沈みます。

オリオン座のベテルギウスは、冬の大三角(p.84)のひとつだよ。

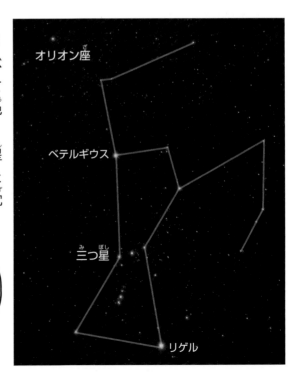

オリオン座
ベテルギウス
三つ星
リゲル

同じように光って見える星でも、自ら光っている星（恒星）と、恒星の光を反射して光っている星（惑星など）があります。

星の種類

恒星…太陽のように、自ら光を放っている星を恒星といいます。

惑星…太陽の周りを公転する地球のように、恒星の周りを回る星を惑星といいます。惑星は自ら光を出さず、恒星の光を反射しています。

衛星…地球の周りを回る月のように、惑星の周りを回る星を衛星といいます。衛星も自分では光を出さず、恒星の光を反射しています。

太陽系

太陽系は、太陽を中心に動く天体の集まりです。太陽系には8つの惑星があります。

[太陽系の惑星]

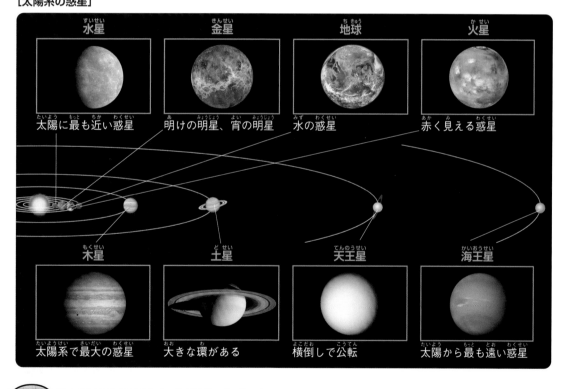

発展　銀河

数多くの恒星からなる集団を星団といい、星団がさらに集まると銀河になります。太陽系があるのは、銀河系（天の川銀河）とよばれる銀河の中です。

銀河系（天の川銀河）

季節の星座と北の星

季節の星座

夜中に南の空に見える星座は、季節によってちがいます。

冬の星座

冬の代表的な星座には、オリオン座やおおいぬ座、こいぬ座などがあります。

冬の大三角

オリオン座のベテルギウス、おおいぬ座のシリウス、こいぬ座のプロキオンをむすんでできる三角形を冬の大三角といい、ほぼ正三角形の形をしています。

冬の大六角

おおいぬ座のシリウス、こいぬ座のプロキオン、ふたご座のポルックス、ぎょしゃ座のカペラ、おうし座のアルデバラン、オリオン座のリゲルをむすんでできる六角形を冬の大六角(冬のダイヤモンド)といいます。この6つの星はどれも1等星です。冬の夜空には7個の1等星が輝きます。

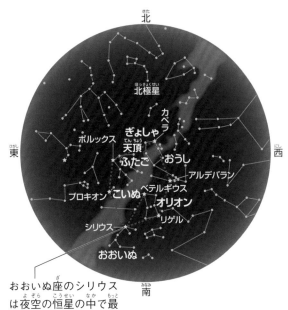

おおいぬ座のシリウスは夜空の恒星の中で最も明るい

夏の星座

夏の代表的な星座には、はくちょう座やこと座、わし座、さそり座などがあります。

夏の大三角

はくちょう座のデネブ、こと座のベガ、わし座のアルタイルをむすんでできる三角形を夏の大三角といいます。この3つの星はいずれも1等星です。

さそり座

南の低い空に見える夏の代表的な星座です。S字状に星が並んでいて、さそりの心臓部にあたる赤い1等星がアンタレスです。アンタレスの表面温度は低いので赤く見えます。

はくちょう座は天の川をまたぐように十字形に見える

こと座のベガは、七夕のおりひめ星(織女星)

わし座のアルタイルは、七夕のひこ星(けん牛星)

さそり座は南の空の低い位置に見られ、赤い1等星アンタレスは、さそりの心臓とよばれている

地学

北極星を中心とする北の空の星の多くは、1年を通じて見ることができます。

北極星

地平線の真北のほぼ真上に一年中輝く星が、北極星です。北極星は動かないので、昔から方位を知る手がかりとして使われていました。
北極星の高さ（高度）は、観察地点の緯度（北緯）と同じです。
北極星はこぐま座のしっぽの先に位置する2等星で、南半球では見ることができません。

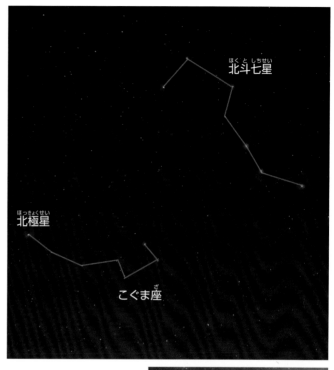

北斗七星

おおぐま座の一部で、7つの星がひしゃくの形に並んだもので、七つ星ともいわれます。

カシオペヤ座

5つの星がW字の形に並んでいて、見つけやすい星座です。
北極星をはさんで北斗七星とほぼ逆の方にあります。

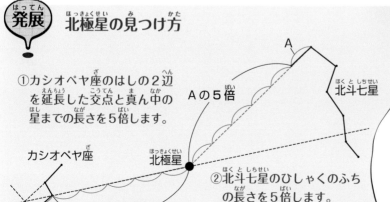

発展 北極星の見つけ方

①カシオペヤ座のはしの2辺を延長した交点と真ん中の星までの長さを5倍します。

Aの5倍

北斗七星

カシオペヤ座

北極星

②北斗七星のひしゃくのふちの長さを5倍します。

Bの5倍

B

北極星は動かないけど、ほかの星は季節や時間によって動くんだ。北斗七星やカシオペヤ座の位置や向きも、季節や時間によって変わるんだよ。

星の動き ①

星の1日の動き

地球の自転により1日(24時間)に1回転(360度)回転するので、星は1時間に15度ずつ東から西に動きます。この動きを星の日周運動といいます。

星の動き方

地球から見ると、すべての星は大きな半球形の天井にはりついているように見えます。この球形の天井を天球といいます。その天球の中心に地球があり、そこに空を見る自分がいます。地球は自転も公転も西から東に回っているので、天球上の星は東から西に動きます。

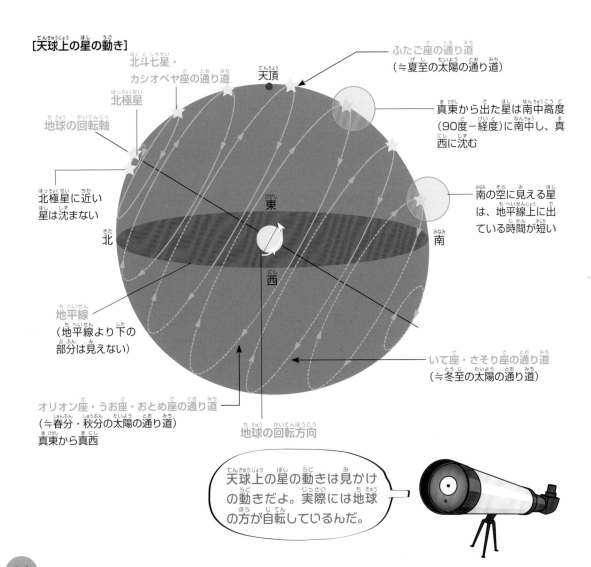

[天球上の星の動き]

ふたご座の通り道
(≒夏至の太陽の通り道)

北斗七星・カシオペヤ座の通り道

天頂

北極星

真東から出た星は南中高度(90度−経度)に南中し、真西に沈む

地球の回転軸

北極星に近い星は沈まない

東

北

南の空に見える星は、地平線上に出ている時間が短い

西

南

地平線
(地平線より下の部分は見えない)

いて座・さそり座の通り道
(≒冬至の太陽の通り道)

オリオン座・うお座・おとめ座の通り道
(≒春分・秋分の太陽の通り道)
真東から真西

地球の回転方向

天球上の星の動きは見かけの動きだよ。実際には地球の方が自転しているんだ。

北の空の星の動き

北の空は北に向かって右が東、左が西です。北の空の星は、北極星を中心に東から西に反時計回りに回っていて、1時間に15度移動します。

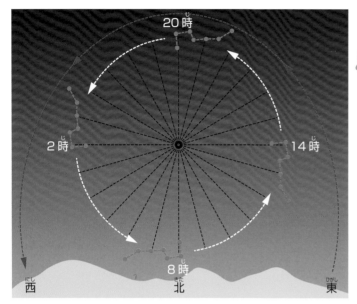

5月5日、
20時の北斗七星

5月5日の
こいのぼり

これを基準に覚えておけば、日時が変わっても北斗七星の位置がわかります。

南の空の星の動き

南の空は南に向かって左が東、右が西です。星はいつでも東（左）から西（右）に動き、1時間に15度移動します。

[さそり座の1日の動き（8月14日）]

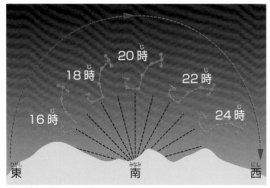

地平線の近くを動く

[オリオン座の1日の動き（2月14日）]

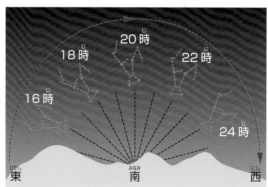

ほぼ真東から真西に動く

東西の空の星の動き

東の空の星は南の空に向かって右上がりに、西の空の星は南の空から西に向かって右下がりに動き、1時間に15度移動します。

どの方角の星も、いつも東から西に動いているように見えるよ。

星の動き ②

季節ごとの星座の動きを観察することで、星の1年の動き（年周運動）がわかります。春の星座が南中するとき、東の空には次の季節の夏の星座があらわれ、西の空では冬の星座が沈んでいきます。

四季の星座の見え方

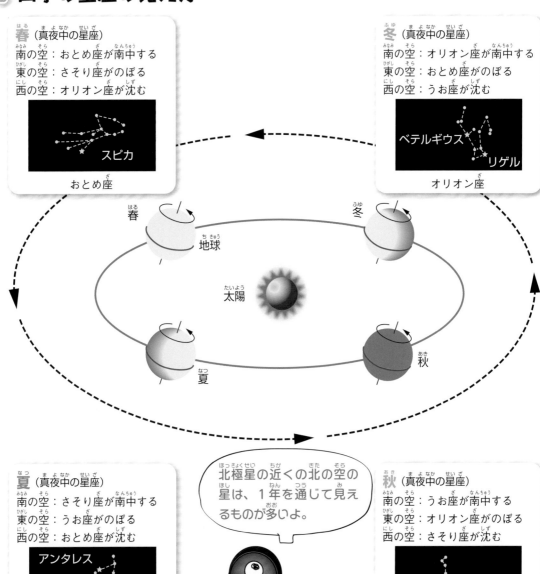

春（真夜中の星座）
南の空：おとめ座が南中する
東の空：さそり座がのぼる
西の空：オリオン座が沈む

スピカ

おとめ座

冬（真夜中の星座）
南の空：オリオン座が南中する
東の空：おとめ座がのぼる
西の空：うお座が沈む

ベテルギウス　リゲル

オリオン座

春
地球
太陽
冬
夏
秋

夏（真夜中の星座）
南の空：さそり座が南中する
東の空：うお座がのぼる
西の空：おとめ座が沈む

アンタレス

さそり座

北極星の近くの北の空の星は、1年を通じて見えるものが多いよ。

秋（真夜中の星座）
南の空：うお座が南中する
東の空：オリオン座がのぼる
西の空：さそり座が沈む

うお座

星の1年の動き

地球の公転により1年（12か月）に1回転（360度）回転するので、星は1か月に30度ずつ東から西に動きます。この動きを星の年周運動といいます。

北の星の動き

北の空の星は、北極星を中心に東から西に反時計回りに回っていて、1か月に30度移動します。

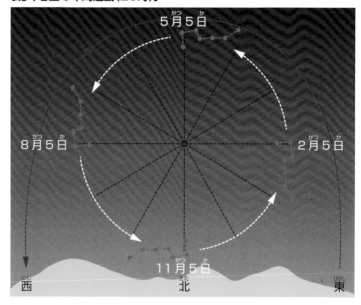

[北斗七星の年周運動（20時）]

5月5日
8月5日
2月5日
11月5日
西　北　東

南の星の動き

南の空の星は東（左）から西（右）に動き、1か月に30度移動します。

[オリオン座の年周運動（20時）]

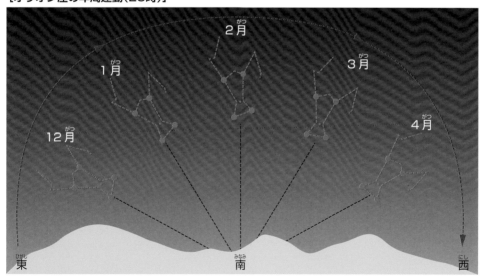

2月
1月
3月
12月
4月
東　南　西

東西の星の動き

東の空の星は南の空に向かって右上がりに、西の空の星は南の空から西に向かって右下がりに動き、1か月に30度移動します。

星の動き ③

星は地球の自転により1時間に15度、また公転により1か月に30度東から西に動きます。このことから、○月○日○時の星の位置から、×月×日×時の星の位置を計算で求めることができます。

北の星の位置の変化

○時間前や○か月前のときは戻り、○時間後や○か月後のときは進むよ。

[北斗七星の位置変化]

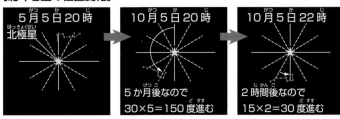

5月5日20時 北極星 → 10月5日20時 5か月後なので 30×5=150度進む → 10月5日22時 2時間後なので 15×2=30度進む

[カシオペヤ座の位置変化]

10月10日20時 → 7月10日20時 3か月前なので 30×3=90度戻る → 7月10日18時 2時間前なので 15×2=30度戻る

南の星の位置の変化

南の星は1時間に15度、1か月に30度東から西に動きます。その結果、星の南中時刻は1か月に2時間(1日に4分)ずつ早くなります。

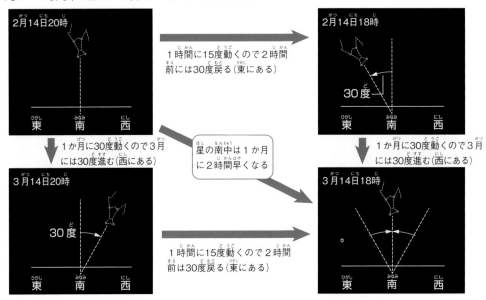

2月14日20時 → 1時間に15度動くので2時間前には30度戻る(東にある) → 2月14日18時 30度

1か月に30度動くので3月には30度進む(西にある)

星の南中は1か月に2時間早くなる

3月14日20時 30度 → 1時間に15度動くので2時間前は30度戻る(東にある) → 3月14日18時

1か月に30度動くので3月には30度進む(西にある)

日周運動と年周運動のまとめ

	日周運動	年周運動
動き方	1日(24時間)で1周 （360度） 1時間で15度＝4分で1度 東から西に動く	1年(12か月)で1周 （360度） 1か月で30度＝1日で1度 東から西に動く
原因	地球の自転 （1日に1回転、西から東へ回る）	地球の公転 （1年に1周、西から東へ回る）
向き	日周運動も年周運動も動く向きは同じ 北極星以外の星はすべて東から西に動く 北の空…北極星近くの星は北極星を中心に東から西に反時計回りに動く 東の空…南の空へ右上がり 南の空…東(左)から西(右)に動く 西の空…南の空から右下がり	北の空 北極星を中心に反時計回りに動く

東の空

南の空

西の空

星も太陽と同じように、東から出て西に沈んでいく

発展 2月14日20時に南中するオリオン座が、
1月14日21時に見える位置は？

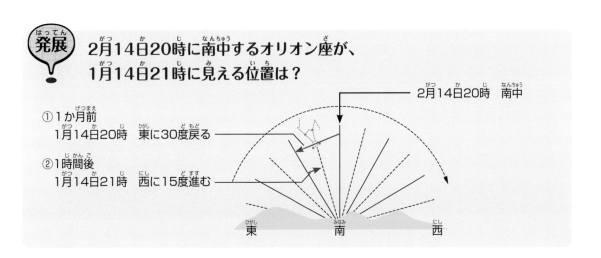

2月14日20時　南中

①1か月前
　1月14日20時　東に30度戻る

②1時間後
　1月14日21時　西に15度進む

東　　　南　　　西

天体 月の満ち欠け ①

月の見え方

月は自分で光を出さず、太陽の光を反射して光っています。地球から見ると、月は太陽の光が当たった部分だけが光って見えます。
月は地球の周りを回っているため、月と太陽と地球の位置関係によって、月の形が変わっているように見えます。

■ 月の位置と名前

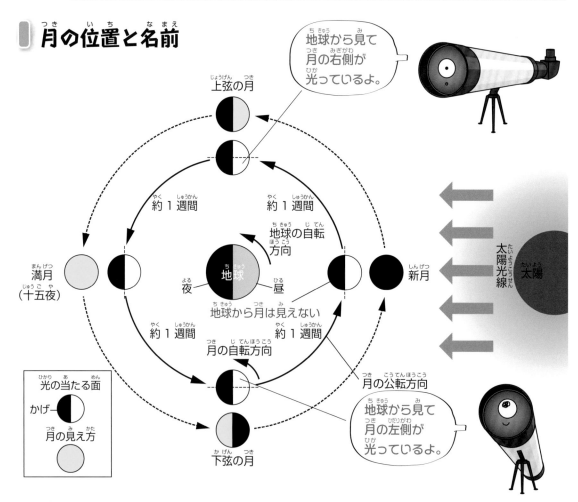

新月から数えておよそ15日で満月になるので、満月の夜のことを十五夜といいます。
新月から数えて3日目の月を三日月といいます。
右半分が光って見える月を上弦の月、左半分が光って見える月を下弦の月といいます。
月の位置と形は約30日で元に戻ります。

覚え方
（う）えの月＝上（弦）の月　　（し）たの月＝下（弦）の月

92

月の見え方の変化

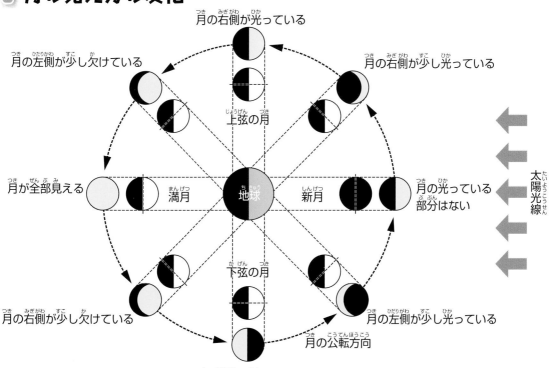

月の右側が光っている

月の左側が少し欠けている

月の右側が少し光っている

上弦の月

月が全部見える

満月

地球

新月

月の光っている部分はない

太陽光線

下弦の月

月の右側が少し欠けている

月の左側が少し光っている

月の公転方向

月の左側が光っている

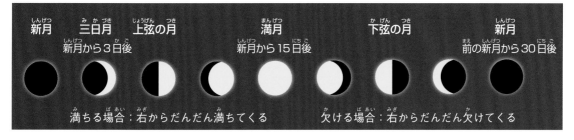

新月	三日月	上弦の月		満月		下弦の月		新月
	新月から3日後			新月から15日後				前の新月から30日後

満ちる場合：右からだんだん満ちてくる　　欠ける場合：右からだんだん欠けてくる

発展　月の公転

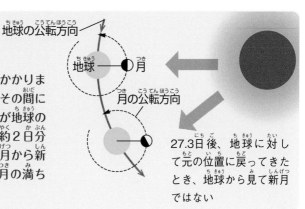

月が地球の周りを1回公転するのに約27.3日かかります。この月の公転周期を恒星月といいます。その間に地球も太陽の周りを公転しているために、月が地球の周りを1周して戻ったとき月は元の位置から約2日分ずれています。そのため地球から見た月が新月から新月まで戻るには約29.5日かかります。この月の満ち欠けの周期を朔望月といいます。

地球の公転方向

地球　月

月の公転方向

27.3日後、地球に対して元の位置に戻ってきたとき、地球から見て新月ではない

覚え方

恒星月　ツナサンド	朔望月　ニクゴハン
[月の自転・公転周期]　27.3日	[新月から新月までの周期]　29.5日

月の満ち欠け ②

天体

月の見え方と時刻

月も太陽と同様に東からのぼって南の空を通り西に沈みます。
上弦の月は正午に出て夕方に南中し、真夜中に沈みます。
下弦の月は真夜中に出て明け方に南中し、正午に沈みます。
満月は夕方に出て真夜中に南中し、明け方に沈みます。
新月は明け方に出て正午に南中し、夕方に沈みます。

上弦の月の見え方と時刻

上弦の月は夕方に南中します。
このとき、太陽は西の空に沈むころです。

上弦の月が見えるのは、夕方から真夜中までで、太陽は上弦の月の右側にあるよ。

6時間後、月が西の空にきたとき、太陽は地平線の下(真夜中)です。

西から地平線の下に沈んだ月が、反対側の東の空に出てくるのは、12時間後の正午です。このとき太陽は南中しています。

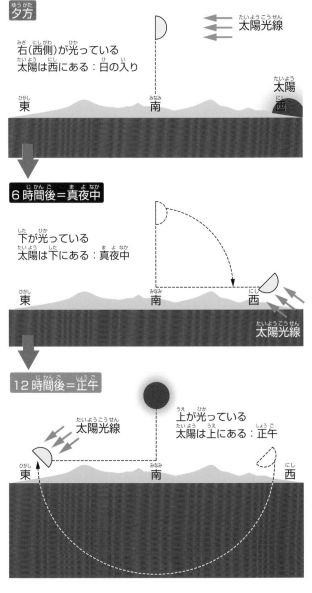

夕方

右(西側)が光っている
太陽は西にある:日の入り

太陽光線

東　南　西　太陽

6時間後=真夜中

下が光っている
太陽は下にある:真夜中

東　南　西

太陽光線

12時間後=正午

太陽光線　上が光っている
太陽は上にある:正午

東　南　西

下弦の月の見え方と時刻

下弦の月は夕方には地平線の下にあり、東の空に出てくるのは真夜中の午前0時です。

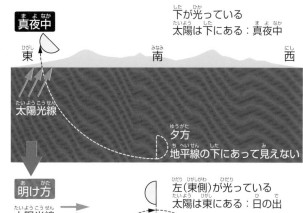

6時間後の明け方に南中し、正午に西の空に沈みます。見えているのは真夜中から明け方までです。

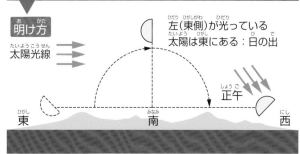

満月の見える時刻

月の出は夕方で、真夜中に南中し、明け方に沈むので、一晩中見えます。

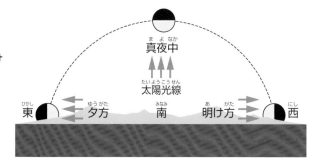

新月の見える時刻

太陽と同じ方向にあるので見えません。太陽と同じように、明け方に出て正午に南中し、夕方に沈みます。

月の見える時間帯

それぞれの月の見える時間帯をまとめると次のようになります。

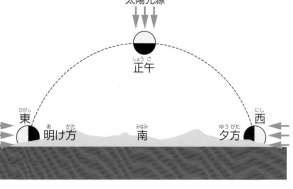

上弦の月	満月	下弦の月	新月
夕方から真夜中	一晩中	真夜中から明け方	1日中出ているが、昼なので見えない

月の満ち欠け ③

月の南中時刻

地球は１日(24時間)で１回転(360度)し、１時間に約15度動きます。そのため、月が東から出て南中するまでに約６時間かかり、南中してから西の空に沈むまでに約６時間かかります。

月の南中時刻

右図はそれぞれの月が南中する時刻を示しています。

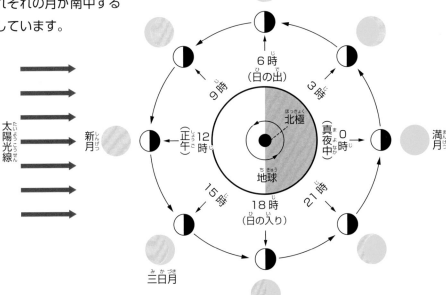

新月 12時(正午)	三日月 15時	上弦の月 18時	満月 0時(真夜中)	下弦の月 6時

 発展　三日月の南中する時刻

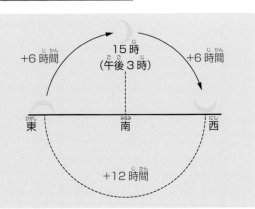

三日月は午後3時(15時)に南中するので、

沈む時刻は　15＋6＝21時(午後9時)
出る時刻は　15−6＝9時(午前9時)　になります。

月の出・月の入りの時刻

[2012年10月の月の出と月の入りの時刻(東京)]

日	1日	2日	3日	4日	5日	6日	7日	8日	9日	10日
月の出	17時46分	18時21分	18時58分	19時38分	20時22分	21時10分	22時02分	22時57分	23時54分	—
月の入り	6時24分	7時21分	8時17分	9時12分	10時05分	10時54分	11時41分	12時24分	13時04分	13時41分

日	11日	12日	13日	14日	15日	16日	17日	18日	19日	20日
月の出	0時56分	1時56分	2時59分	4時05分	5時19分	6時24分	7時36分	8時45分	9時51分	10時50分
月の入り	14時16分	14時51分	1b時25分	16時01分	16時39分	17時22分	18時10分	17時04分	20時09分	21時08分

日	21日	22日	23日	24日	25日	26日	27日	28日	29日	30日
月の出	11時42分	12時27分	13時06分	13時41分	14時14分	14時45分	15時15分	15時47分	16時20分	16時56分
月の入り	22時13分	23時17分	—	0時20分	1時21分	2時21分	3時19分	4時16分	5時13分	6時09分

日	31日
月の出	17時36分
月の入り	7時05分

- 月が出るのが毎日遅れていることがわかる
- 月は平均すると1日に約50分遅れて出てくる
- 10月1日の17時46分に出た月は、10月2日の7時21分に沈んでいる
- 10日は月の出がなく、23日は月の入りがない
  (10日の13時41分に沈んだ月は前日の9日の23時54分に出た月で、23日の13時06分に出た月は翌日の24日0時20分に沈む月である)
  10日の13時41分に沈んだ月は、24+13時41分=37時41分から23時54分を引いた13時間47分、23日の13時06分に出た月は、24+0時20分=24時20分から13時06分を引いた11時間14分間出ていたことになる

覚え方

月の形ごとの出入りと南中時刻の見つけ方

下図のように円を4つにわけた月のモデルと、0～24時まで3時間ごとに書き中央の4ますを黒くした定規を書きます。

月のモデル

月の定規

| 0 | 3 | 6 | 9 | 12 | 15 | 18 | 21 | 24 |

真ん中の4つのますを黒くする

→

定規にあてはめる

| 0 | 3 | 6 | 9 | 12 | 15 | 18 | 21 | 24 |

0時に出て6時に南中、12時に沈む

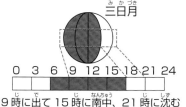

三日月

| 0 | 3 | 6 | 9 | 12 | 15 | 18 | 21 | 24 |

9時に出て15時に南中、21時に沈む

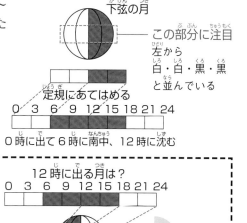

下弦の月

この部分に注目
左から
白・白・黒・黒
と並んでいる

12時に出る月は?

| 0 | 3 | 6 | 9 | 12 | 15 | 18 | 21 | 24 |

= 上弦の月

日食と月食・金星

太陽、月、地球が一直線に並び、太陽が月によっておおわれ太陽が見えなくなる状態を日食といいます。また、太陽、地球、月が一直線に並び、地球の影が月にかかり、月が欠けて見える状態を月食といいます。

金環日食

日食

太陽、月、地球の順に並んだとき、新月になりますが、年に数回この３つがほぼ一直線上に並んだときだけ、かぎられた地域で日食が見られます。日食が見られるのは、新月のときです。月が太陽を完全にかくすと皆既日食がおこり、コロナなどを観測することができます。月が太陽の中にすっぽりと入り、輪になった太陽が観測されるのが金環日食です。また、新月が太陽の一部をかくし、太陽が部分的に欠けているのが部分日食です。日食のとき、太陽は右側から欠けていきます。

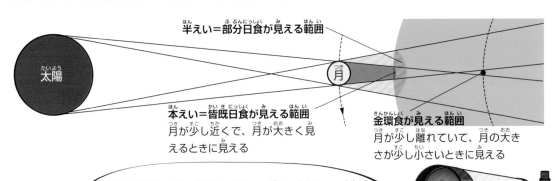

半えい＝部分日食が見える範囲

太陽

月

本えい＝皆既日食が見える範囲
月が少し近くで、月が大きく見えるときに見える

金環食が見える範囲
月が少し離れていて、月の大きさが少し小さいときに見える

> 太陽の直径は月の直径の約400倍、地球から太陽までの距離は、月までの距離の約400倍だから、地球から見ると、ほぼ同じ大きさに見えるんだ。

月食

太陽、地球、月の順に並んだとき、満月になりますが、１年に数回この３つがほぼ一直線上に並んだときだけ月食が見られます。月食が見られるのは、満月のときです。

月全体が地球のかげ（本えい）に入ったときに月が見えなくなります。これを皆既月食といい、満月が赤黒く輝きます。また月の一部が地球のかげ（本えい）に入ったとき、月の一部が欠けて見えることを部分月食といいます。月食で月は左側から欠けていきます。月食は、満月が見えるところでは、ほぼどこでも観測することができます。

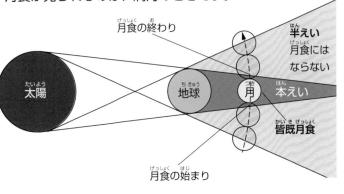

月食の終わり

半えい
月食にはならない

太陽

地球

月

本えい

皆既月食

月食の始まり

金星は地球と同じように太陽の周りを回っている惑星で、月と同じように満ち欠けします。

金星の見え方

地球より太陽に近いところを回っているため、地球から見るといつも太陽と同じ方向にあり、真夜中は見ることができません。金星は月と同じように自分では光らず、太陽の光を反射して光っているため、月と同じように満ち欠けをします。

[金星の見え方]

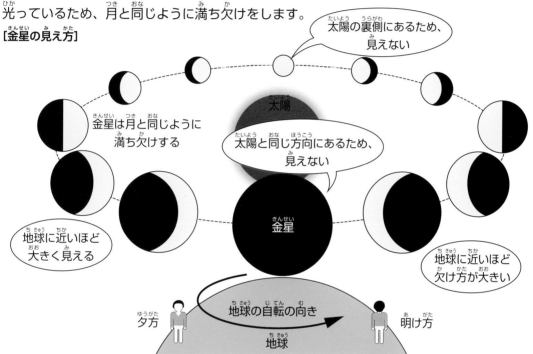

発展 明けの明星と宵の明星

明け方、東の空に見える金星を明けの明星といいます。
地球から見て金星が太陽の西（右）側にあるときに見られ、金星の左側が光っています。

夕方、西の空に見える金星を宵の明星といいます。
地球から見て金星が太陽の東（左）側にあるときに見られ、金星の右側が光っています。

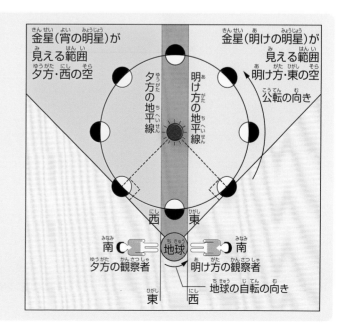

流水のはたらき ①

流水のはたらきと地形

しん食…流れる水が地面をけずるはたらきをしん食といいます。流れる水の速さが速いほど、また水量が多いほど大きくなります。

運ぱん…流れる水が土や石を運ぶはたらきを運ぱんといいます。流れる水の速さが速いほど、また水量が多いほど大きくなります。

たい積…流れる水が運んできた土や石を積もらせるはたらきをたい積といいます。水の流れがおそくなったときに行われます。

川の流域ごとのちがい

上流

中流

下流

海

	上流	中流	下流
土地の傾き	大きい ←	→	小さい
流れの速さ	速い ←	→	おそい
水の量	少ない ←	→	多い
川はば	せまい ←	→	広い
水深	浅い ←	→	深い
石の大きさ	大きい ←	→	小さい
石の形	角ばっている	丸みを帯びて小さい	丸くて小さい
おもなはたらき	しん食・運ぱん		たい積
川のようす			

水の流れの速さと地形

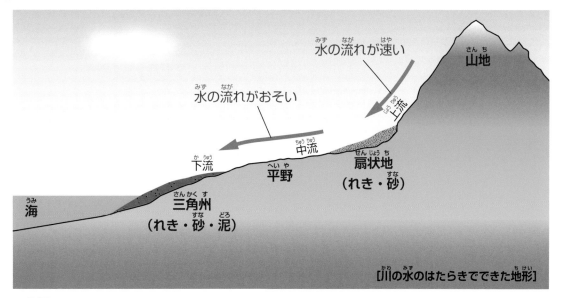

水の流れが速い
山地
上流
水の流れがおそい
中流
下流
平野
扇状地
（れき・砂）
海
三角州
（れき・砂・泥）

[川の水のはたらきでできた地形]

V字谷

土地の傾きが大きい山の中を流れる川は、流れが速く、川底がV字形にけずられます。このようにしてできた地形をV字谷といいます。川の水のしん食作用によって形成されます。

扇状地

川が山あいから急に平地に出ると、流れが急におそくなり、土砂が積もります。扇を広げたような地形になるので、扇状地といいます。
川の水のたい積作用によって形成されます。

三角州

川が河口付近にくると、土地の傾きがほとんどなくなるので、水の流れがとてもおそくなり、運んできた土砂が積もり三角形のような形をした土地ができます。このような地形を三角州といいます。ギリシャ語のΔ（デルタ）の文字の形に似ているので、デルタともいいます。
川の水のたい積作用によって形成されます。

流水のはたらき ②

川の流れ方

川がまっすぐに流れているところでは、水の流れは川岸より中央付近の方が速く流れます。
曲がって流れているところでは、外側の方が内側より速く流れます。

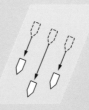
まっすぐ流れる川

曲がって流れる川

まっすぐに流れる川と曲がって流れる川

[まっすぐ流れる川]

川原

まっすぐ流れている川は、中央付近が最も深く、岸に近いほど浅くなる

川原

川底には、中央付近ほど大きな石があり、両側に川原がある

[曲がって流れる川]

外側

曲がって流れている川は、外側の方が深く、内側が浅くなっている

内側

がけ

川原

川底には、外側には大きな石、内側には小さな石があり、外側はけずられてがけになり、内側には川原がある

発展 **蛇行する川と三日月湖**

曲がって流れる川は、カーブの外側がけずられ、しだいに曲がり方が大きくなります。
このようなヘビがうねったような流れ方を川の蛇行といいます。
蛇行が激しくなると、洪水などが起こったときなどに、曲がったところを通らずにまっすぐに流れるようになることがあります。そのときに曲がった部分が取り残されて湖ができます。これを三日月湖といいます。

[三日月湖のでき方]

外側 流れが速い
内側 流れがおそい

外側ではしん食、内側ではたい積が起こる

三日月湖

洪水などのときに、まっすぐ流れようとする

取り残された部分が三日月湖になる

蛇行する川と三日月湖

地層のでき方

川の流れによって運ぱんされてきた土砂は、粒の大きさの順に海底に沈みます。粒の大きいものは近くに沈み、小さいものは沖のほうに運ばれます。土砂は海底で層になってたい積します。土砂は粒の大きさによって、れき、砂、泥といいます。

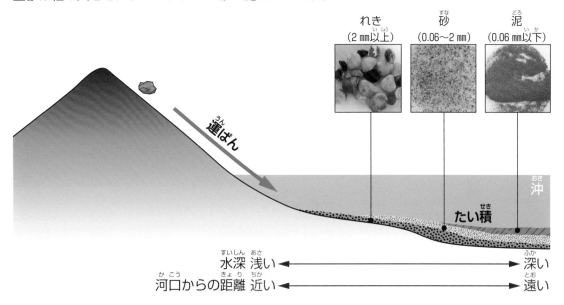

れき
（2 mm以上）

砂
（0.06〜2 mm）

泥
（0.06 mm以下）

運ぱん

沖

たい積

水深　浅い ⟷ 深い

河口からの距離　近い ⟷ 遠い

地層の重なり方

川の水量が変わったり、海底の深さが変わったりすると、古い層の上に新しい層ができます。

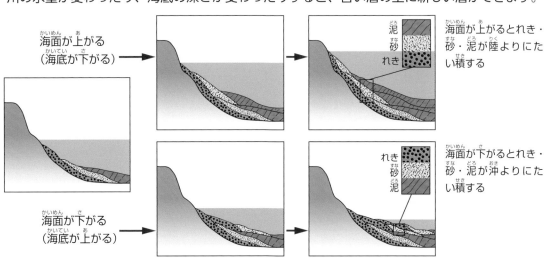

海面が上がる
（海底が下がる）

泥
砂
れき

海面が上がるとれき・砂・泥が陸よりにたい積する

れき
砂
泥

海面が下がるとれき・砂・泥が沖よりにたい積する

海面が下がる
（海底が上がる）

発展

水のはたらきでできる地層

粒の大きいものほど河口近くに、小さいものほど遠くにたい積します。

地層にふくまれるれきは、角がとれて丸くなっています。

1つの層では下のほうに大きな粒、上のほうに小さい粒が見られます。

いくつかの層が重なっているときは、ふつう下にある層ほど古い層です。

地層 地層の変化

**整合**

大地の変動がなく、地層が連続してたい積されると、何枚もの平行した地層の重なりができます。このような地層の重なり方を整合といいます。
整合した地層が両側から力を受けると地層は変形します。

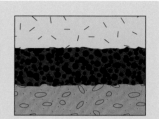

断層

地層が両側から力を受け、切れてずれたものを断層といいます。

断層が見られる地層

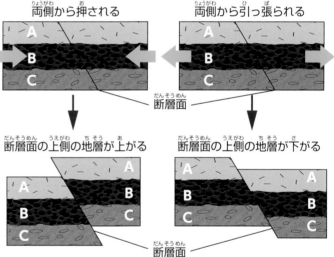

両側から押される　　両側から引っ張られる

断層面

断層面の上側の地層が上がる　　断層面の上側の地層が下がる

断層面

しゅう曲

地層が力を受けて押し曲げられたものをしゅう曲といいます。

しゅう曲が見られる地層

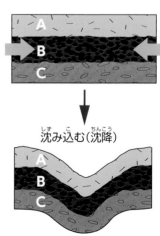

盛り上がる(隆起)　　沈み込む(沈降)

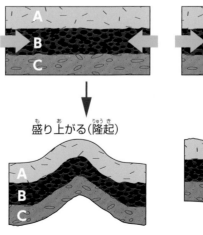

104

不整合

はじめにつくられた地層と、あとにつくられた地層とが連続していないような地層の重なり方を不整合といいます。

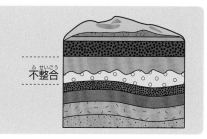

不整合

不整合のでき方

たい積
海底で地層がたい積する

隆起
傾いたりゆがんだりしながら隆起し、地表になる

しん食
地表がしん食される

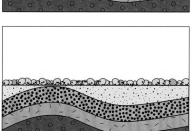

沈降
再び海に沈む

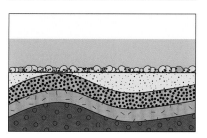

たい積
その上に新しい地層がたい積される

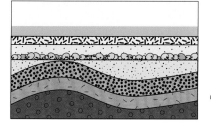

不整合（面）では、上の地層と下の地層が平行に重なっている場合と、ななめに接している場合があるよ。不整合は地殻変動が起こり、その土地が陸上になったことを示す証拠になるんだ。

隆起
再び隆起する

地層の見方

切り通しのがけや地下を調査することで地層の構造がわかります。

露頭

切り通しのがけなどで、露頭(地層が見えるところ)に出た地層のようすから、いろいろなことがわかります。

切り通しの地層

[整合の地層]

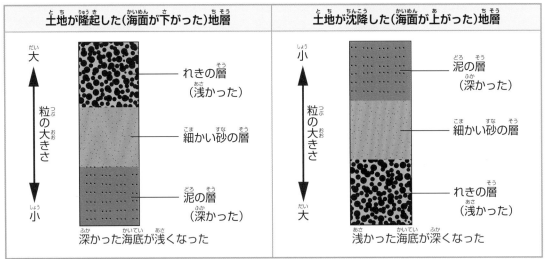

土地が隆起した(海面が下がった)地層	土地が沈降した(海面が上がった)地層
大 ← 粒の大きさ → 小	小 ← 粒の大きさ → 大
れきの層(浅かった)	泥の層(深かった)
細かい砂の層	細かい砂の層
泥の層(深かった)	れきの層(浅かった)
深かった海底が浅くなった	浅かった海底が深くなった

[断層やしゅう曲、不整合がある地層]

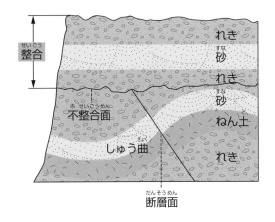

整合

れき
砂
れき
砂
ねん土
れき

不整合面

しゅう曲

断層面

地層ができた順序

海底にれき、ねん土、砂、れきがたい積する

↓

しゅう曲が起こる

↓

断層が起こる

↓

隆起して陸地になり
不整合面ができる

↓

再び海に沈みれき、砂、
れきがたい積する

ねん土の層は水を通しにくいので、地下水はねん土層の上からしみ出すよ。

[貫入*がある地層]

*貫入：地球の内部からマグマが上昇して、地層をたてに貫くこと

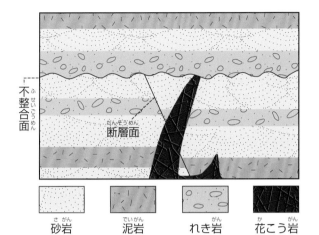

不整合面

断層面

砂岩　泥岩　れき岩　花こう岩

地層ができた順序

海底で砂、泥、砂、れき、砂がたい積する

↓

断層が起こる（断層面ができる）

↓

マグマが上昇して冷えて固まり、花こう岩の貫入ができる

↓

隆起して陸地になり不整合面ができる

↓

再び海に沈みれき、砂、泥がたい積する

柱状図

露頭以外で地下の地層を見ることはできないので、地面を円筒状にくりぬいて取り出し、地層のようすを調べることをボーリング調査といいます。

取り出した円筒状の地層を図にしたものが地質柱状図です。柱状図を比べて、地層の広がりを推測することができます。

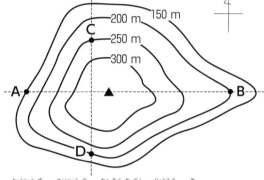

• 柱状図の最上部を観測地点の標高に合わせる
• かぎ層を決めて、その高さを比べる
（ここではねん土の層を比べる）

かぎ層とは地層を比べる手がかりになる層だよ。

[予想される断面図]

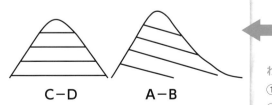

C−D　　A−B

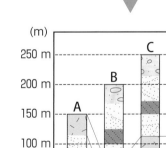

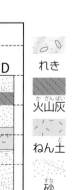

れき

火山灰

ねん土

砂

わかったこと

① CとDを比べると、南北方向に地層の傾きはない
② AとBを比べると、西から東へ地層が下がっている

たい積岩と化石

たい積岩

たい積物が地層の重さなどで固まってできた岩石を**たい積岩**といいます。粒の大きさやふくまれる物質によってわけられます。

■ たい積岩のわけ方

たい積岩のわけ方には粒の大きさでわける方法と、ふくまれるものでわける方法があります。

[粒の大きさでわける]

たい積岩の名前	泥岩	砂岩	れき岩
ふくまれるものとでき方	泥や粘土が固まってできる。泥岩が押し固められるとネンバン岩になる	おもに砂が固まってできる	れきが砂などと一緒に固まってできる
特徴と大きさ	0.06㎜以下の粒が集まっている	おもに0.06㎜〜2㎜の粒が集まっている	2㎜以上の粒が集まっている
岩石のようす			

流水のはたらきでできたたい積岩をつくる粒は、角がとれて丸くなっているよ。たい積するときに生物の死がいがふくまれることがあるから、たい積岩には化石がふくまれることがあるよ。

[ふくまれるものでわける]

たい積岩の名前	石灰岩	チャート	凝灰岩
ふくまれるものとでき方	石灰分をふくむサンゴや貝、魚などの遺がいが固まってできる	ケイ酸分をふくむホウサンチュウのからなどが固まってできる	火山灰などの火山の噴出物が固まってできる
岩石のようす			
特徴	うすい塩酸をかけると二酸化炭素が発生する	うすい塩酸をかけても変化しない	ふくまれる粒は流水のはたらきを受けないので、角ばっている

化石

生物の死がいや生活のあとが、岩石や地層の中に残されたものを化石といいます。化石には示相化石と示準化石があります。

化石の特徴

示相化石

その地層がたい積した時代の自然環境を知ることができます。
- 生息している環境が限られている生物の化石
- 現在もその生物が生きている生物の化石

化石の例	サンゴ	アサリ	シジミ
化石のようす			
生息していた環境	あたたかくて浅いきれいな海	岸に近い浅い海	河口付近や湖

示準化石

その地層がたい積した地質時代を知ることができます。
- ある特定の時代にだけ生きていた生物の化石
- 広い範囲に、短い期間生きていた生物の化石

時代	古生代	中生代	新生代
化石のようす	サンヨウチュウ フズリナ	アンモナイト キョウリュウの骨	ナウマンゾウの歯 ビカリア
時代の説明	シダ植物が繁茂し、魚やカエルの仲間が現れた時代	キョウリュウがさかえた時代	ほ乳類や被子植物がさかえ、人類が現れた時代

火山と地震

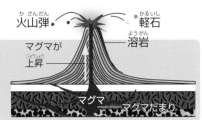

火山弾　軽石
マグマが上昇　溶岩
マグマ　マグマだまり

火山の噴火

地下の深いところで岩石がとけて高温の液体となったマグマが上昇し、火口から噴き出されるのが噴火です。

■ マグマのねばりけと火山の形

噴出したマグマの性質によってできる火山の形がちがいます。

火山の例	有珠山、雲仙普賢岳	富士山、浅間山	三原山
マグマの性質	ねばりけが強い　　　　　　　　　　　　　　　ねばりけが弱い 溶岩は白っぽい　　　　　　　　　　　　　　　溶岩は黒っぽい		
火山の形	ドーム型	円すい型	平たい型
噴火のようす	爆発的に噴火する	ドーム型と平たい型の中間の噴火	溶岩が流れ出るようなおだやかな噴火

高温のガスと火山灰、溶岩などが一体となって急激に山を下る現象を火砕流といいます。破壊力がとても大きく、地域に大きな被害をもたらすことがあります。

■ 火成岩の種類

マグマが冷えてできた岩石を火成岩といいます。化石はふくまず、粒は角ばっています。
火成岩は火山岩と深成岩にわけられ、それぞれいろいろな種類があります。

火成岩の種類	火山岩		深成岩	
でき方	地表や地表に近いところで急に冷えてできる。小さな粒や大きな粒が散らばっている	班晶　石基	地下深くでゆっくり冷えてできる。大きな粒だけでできている	
岩石の色	白っぽい　　　　　　　黒っぽい		白っぽい　　　　　　　黒っぽい	
例	流もん岩	安山岩　げんぶ岩	花こう岩　せん緑岩	はんれい岩

火成岩の種類

か	り	あ	げの	しん	かん	せんは はやいね
(火山岩)	流もん岩	安山岩	げんぶ岩	(深成岩)	花こう岩	せん緑岩・はんれい岩

地震が発生した地下の場所を震源、震源の真上の地表の地点を震央といい、震源から震央までの距離を震源の深さといいます。

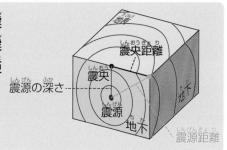

地震の伝わり方

地震のゆれは波となって震源から同心円状に伝わります。この波を地震波といいます。

初期微動：P波(速い)＝はじめの小さなゆれ
主要動　：S波(おそい)＝あとに続く大きなゆれ

右のグラフではP波の速さは秒速8km。S波は秒速4km。初期微動継続時間は震源から80kmでは10秒、160kmでは20秒、240kmでは30秒となる。

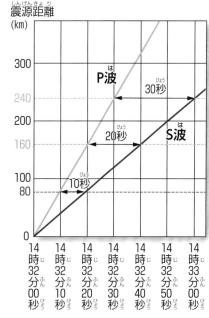

震源からの距離

P波が届いて初期微動がはじまり、S波が届くと主要動が始まります。P波が届いてからS波が届くまでの時間が初期微動継続時間です。

震源からの距離と初期微動継続時間は比例するよ。

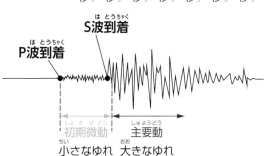

震源から遠くなるほど、初期微動継続時間は大きくなり、主要動のゆれは小さくなります。
地震波の速さがわかれば、震源までの距離を求めることができます。

発展 地震の大きさの表し方

震度…ある地点でのゆれの大きさを10段階で表します。
(震度0、1、2、3、4、5弱、5強、6弱、6強、7)

マグニチュード…地震そのものの大きさを表します。
マグニチュードが1大きくなると、エネルギーは約32倍、2大きくなると約1000倍になります。

マグニチュード(M)の計算方法

3.0　　4.0　　5.0
　　32倍　32倍
32 × 32 = 1024 (約1000倍)

気象 気温・地温とその変化

気温と地温のはかり方

気温や地温はアルコールや水銀の入った温度計ではかります。読み取り方はアルコールの場合は液面のへこんだところを、水銀の場合は中央のもり上がったところを読み取ります。

気温

気温は百葉箱に設置された温度計ではかります。

[百葉箱のしくみ]

熱の吸収を防ぐため、外側も内側も白く塗ってある

開けたときに直射日光が入らないように、戸は北向きについている

気象庁はアメダスの普及にともない1993年に百葉箱を使用した観測をやめ、現在、アメダス観測点では通風筒に入れられた電気式温度計を使用している

通風筒

風通しをよくするためよろい戸になっている

温度計は地上1.2～1.5mのところに置く

1.2～1.5m

地面からの熱の反射を防ぐため、しばふを植えてある

地温

地面に浅い穴をつくり、温度計の球部をおき、上に土をかけます。

[地温のはかり方]

土をかける

温度計にはおおいをかける

湿度

空気の湿りぐあいを湿度といいます。その気温での飽和水蒸気量(空気中にふくむことができる最大の水蒸気量)に対する水蒸気量の割合で表します。

雨の日は一日中湿度が高く、晴れの日は気温と湿度は反対の変化をします。

同じ温度でも、湿度が高いと蒸し暑く感じ、湿度が低いと涼しく感じられます。

[気温と湿度の1日の変化]

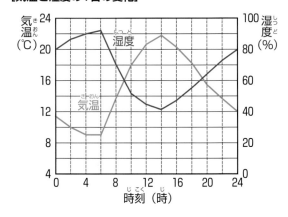

地温と気温の関係

太陽高度と地面のあたたまり方

同じ太陽光の量で比べると、太陽の高度によって地面のあたたまり方がちがいます。

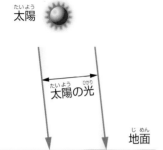 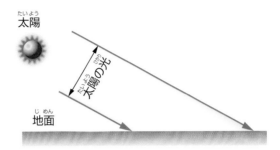

太陽高度が高いとき
- 光の当たる範囲がせまい
- 地面が受け取る熱の量が多い
- 地面の温度が上がる

太陽高度が低いとき
- 光の当たる範囲が広い
- 地面が受け取る熱の量が少ない
- 地面の温度があまり上がらない

地面のあたたまり方と気温

太陽によって地面があたためられると、あたためられた地面によって空気があたためられます。

太陽の光が地面に当たる ──時間がかかる→ **地面があたたまる** ──時間がかかる→ **空気があたたまる**

[太陽高度と地温・気温の1日の変化]

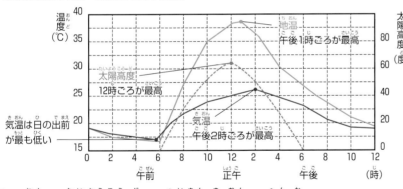

晴れの日は1日の気温の変化が大きく、雨の日やくもりの日は、気温の変化が小さいよ。

1年の太陽高度と平均気温の変化

- 1年のうちで太陽の南中高度が最も高いのは6月の夏至の日で、最も低いのは12月の冬至の日です。
- 1年のうちで平均気温が最も高いのは8月上旬で、最も低いのは2月上旬です。
- 太陽高度と平均気温の最も高い時期がずれるのは、地面によって空気があたためられるのに時間がかかるからです。

[太陽高度と平均気温の1年の変化]

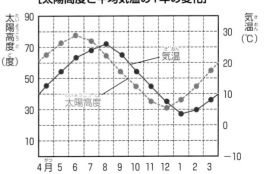

113

雨・風・気圧

雨と風

降った雨の量を雨量といいます。
また、風は風向・風速・風力で表します。

雨量

雨量は、降った雨が水平なところにたまった水の深さで表します。
雪やみぞれをふくむ場合は降水量といいます。

風向・風速

風向…風が吹いてくる方向を16方位で表します。

(例)北から吹いてくる風　→　北の風(北風)

風速…空気が1秒間に動いた距離で、単位はm／秒で表し、10分間の平均風速を測定します。
風速の最大値を最大風速といい、風速計の測定値を3秒間平均したものを瞬間風速、瞬間風速の最大値を最大瞬間風速といいます。

風力…風の強さを、0〜12までの13階級で表します。

16方位

風向計

風速計

発展

アメダス

気象庁の無人観測施設である「地域気象観測システム」のことをアメダスといい、観測所は日本全国に約1300か所あります。
10分ごとに集められた降水量、気温、日照時間、風向・風速などのデータは、気象庁のホームページなどで公開されています。

[アメダスによる全国の降水量]

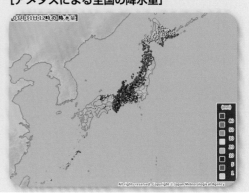

大気による圧力を気圧といい、大きさはhPa（ヘクトパスカル）という単位で表します。

高気圧と低気圧

まわりより気圧の高いところを高気圧といい、まわりより気圧の低いところを低気圧といいます。空気は、気圧の高いところから低いところに流れます。これによって風が吹きます。

[高気圧と低気圧のちがい]

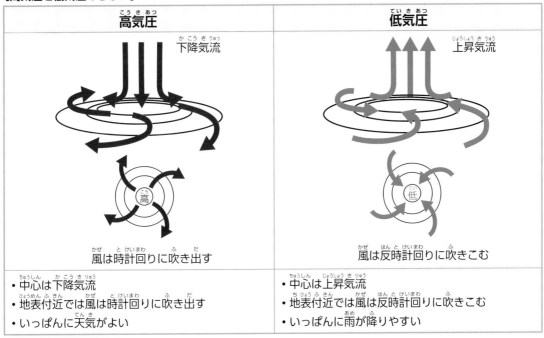

高気圧	低気圧
下降気流	上昇気流
風は時計回りに吹き出す	風は反時計回りに吹きこむ
・中心は下降気流 ・地表付近では風は時計回りに吹き出す ・いっぱんに天気がよい	・中心は上昇気流 ・地表付近では風は反時計回りに吹きこむ ・いっぱんに雨が降りやすい

台風

熱帯の海上で発生する低気圧を熱帯低気圧といい、そのうち北西太平洋または南シナ海付近にあって、中心付近の最大風速がおよそ17m/秒（風力8）以上のものを台風といいます。
発生した台風は上空の風と地球の自転の影響で北に向かいます。東風が吹いている中緯度では北西方向に、日本に近づくにつれて上空の強い西風（偏西風）の影響を受けて速度を上げて北東に進みます。

日本付近の上空では偏西風が吹いていて雲が西から東に動くため、天気も西から東に変わっていくよ。台風については117ページ、167ページも見てみよう。

覚え方

高気圧の風の方向 　　低気圧の風の方向

気象 季節と天気

季節と気圧

日本付近では、冬は西高東低の気圧配置に、夏は南高北低の気圧配置になります。

冬の天気

[冬の天気図]

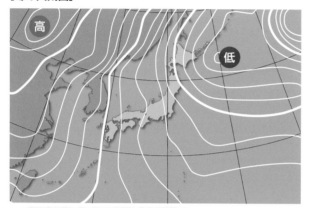

- 西に高気圧、東に低気圧（西高東低）
- 大陸から北西の風が吹く
- 日本海側は雪、太平洋側は晴れが多い

雲のようす
（ひまわりの写真）

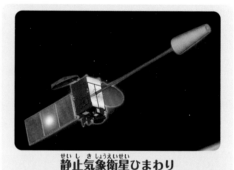

静止気象衛星ひまわり

「ひまわり」は日本が運用する気象衛星で、赤道上空、高度約35800㎞の位置にある静止気象衛星です。現在は8号で、観測した気象情報を日本国内だけでなく多くの国に提供しています。

梅雨前線

北からの冷たい空気（寒気）と南からのあたたかく湿った空気（暖気）がぶつかることで前線（停滞前線）ができます。梅雨の時期には南東に高気圧、北西に低気圧があって、その境目に東西にのびる前線ができます。これを梅雨前線といいます。前線ができると雲が広がり、雨が降りやすくなります。

雲のようす（ひまわりの写真）

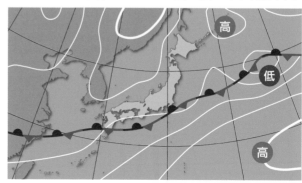

夏の天気

[夏の天気図]

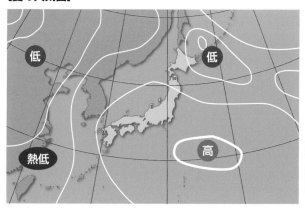

- 太平洋に高気圧、大陸に低気圧
- 南東の季節風が吹く
- むし暑い日が続く

ちなみに、春の天気は変わりやすいよ。また秋が深まる10月中ごろからは秋晴れの日が続くよ。

台風

台風は1年中発生していますが、夏から秋にかけて日本に多く上陸します。
下の3日間の天気図を比べてみると、日本付近の台風の動きがよくわかります。

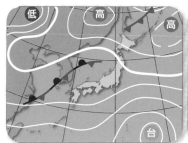  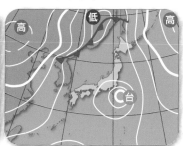

台風の進路と台風の眼

台風は低気圧なので、中心に向かって反時計回りに強い風が吹き込みます。
台風の中心付近には台風の眼とよばれる雲のない部分があります。
台風は赤道付近では地球の自転や上空の貿易風（北東の風）のため北西に進み、沖縄付近までくると偏西風の影響で進路を変え右に曲がります。

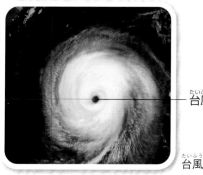

台風の眼

台風

[台風の月ごとの進路]

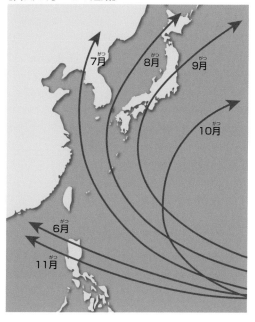

7月　8月　9月
10月
6月
11月

星座早見

星座早見のつくり

星座早見というのは、日付と時刻を合わせることによって、そのときの夜の星座のようすを知ることのできる道具です。両方の板は北極星の位置でピンでとめられていて、回転させることができます。

星座早見の使い方

❶外側の月日目もりを合わせます。

❷内側の時刻の目もりを合わせます。

❸まどの中の図が、合わせた日時の星空になります。

夜空を調べる

早見盤の上が北、下が南、左が東、右が西になります。（早見盤は上にかざして見るものなので、北に対して東西が逆になっています。）
観察する方向を向き、早見盤をその方向を下にして垂直に持ち、星座と見比べます。

北の空を見る場合は早見盤の北を下にして持つよ。

第4章 物理

弦の振動が空気を伝わってくることでギターの音が聞こえます。光が水面で屈折することでプールの底が浅く見えます。熱くならないためにフライパンの持つところは合成樹脂できています。また、身のまわりの道具には発電所や電池などでできた電気を利用しているものがたくさんあります。テレビと部屋の電気は並列につながっているので、テレビを消しても部屋の電気が消えることはありません。はさみやつめ切り、重たいものを持ち上げるクレーンもてこを使った道具です。振り子の等時性から振り子時計ができました。この章では音や光や熱の性質、電気や力のはたらきや運動などを学習します。いろいろな計算が出てきますが、計算式を覚えるのではなく計算式の使い方をしっかりと理解することがポイントです。

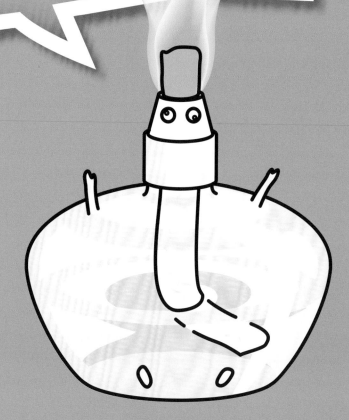

音

音は、音を出すものの振動が波となって伝わってきたものです。

空気の振動と音

音さを振動させると、周りの空気に押し縮められたこい部分と、うすい部分ができます。それが空気中を波となって伝わっていくのです。

[音さでできる波]

[音波のグラフ]

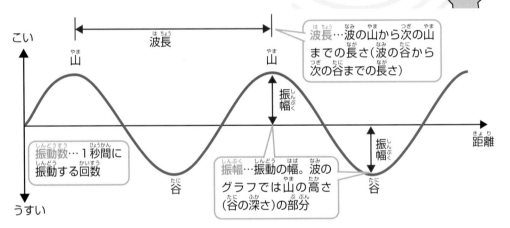

波長…波の山から次の山までの長さ(波の谷から次の谷までの長さ)

振動数…1秒間に振動する回数

振幅…振動の幅。波のグラフでは山の高さ(谷の深さ)の部分

音の三要素

音には、音の大きさ・音の高さ・音色の3つの要素があります。

音の大きさ…振幅が大きいほど、大きな音になります。

音の高さ……振動数が多いほど、波長が短く、高い音になります。
音を出すものが軽いと速く振動するので、高い音が出ます。

音色…………音の大きさ、高さが同じでも、音を出すものによってちがう音になります。こうした音のちがいを音色といいます。音の波形のちがいが音色になります。

[音の大きさと高さのちがい]

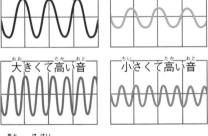

[音の波形のちがい]

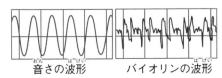

音さの波形　　　　バイオリンの波形

実験 身近なもので音を出してみよう！

実験1 入れる水の量を変えてコップをたたく

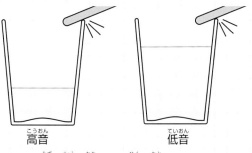

高音　　　　　　低音

水の量が多いほど低い音になる

実験2 水を入れたビンを吹く

低音　　　　　　高音

空気の量が多いほど低い音になる

実験3 木きんをたたいて鳴らす

低音 ←→ 高音

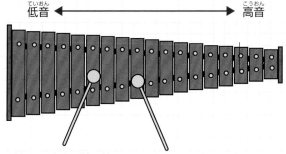

大きい板ほど低い音になる
音を出すものが重たいほど低い音になることがわかる

楽器の音の高さはこんなふうに決まっているんだね。

実験4 げんをはじく

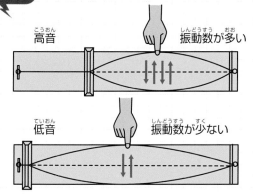

高音　　　　　振動数が多い

低音　　　　　振動数が少ない

	低い音	高い音
げんの長さ	長い	短い
げんの太さ	太い	細い
げんのはりかた	弱い	強い

げんは長いほど、太いほど、弱くはるほど
低い音になる

光

光の性質

光はまっすぐ進みますが、ものに当たると反射したり、屈折して通りぬけたりします。

光の直進

光はまっすぐ進みます。

光は直進するため、光が小さい穴を通ってできた像は上下、左右が反対になります。

> ピンホールカメラは、この性質を利用しているよ。

[ピンホールカメラのしくみ]

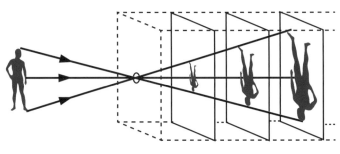

光の反射

光はものに当たると反射します。

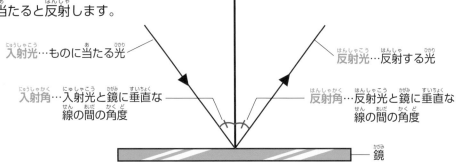

入射光…ものに当たる光

反射光…反射する光

入射角…入射光と鏡に垂直な線の間の角度

反射角…反射光と鏡に垂直な線の間の角度

鏡

入射角＝反射角　入射角と反射角の大きさは等しくなります

鏡の像

鏡にうつった像は鏡をはさんで向かい合ったところに見えます。

> 鏡は光の反射を利用しているんだね。

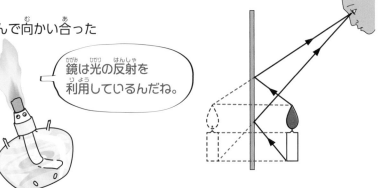

光の屈折

光は水やガラスなど別の物質の中へ入ると、その境界線で折れ曲がって進みます。これを光の屈折といいます。

[水面での光の屈折]

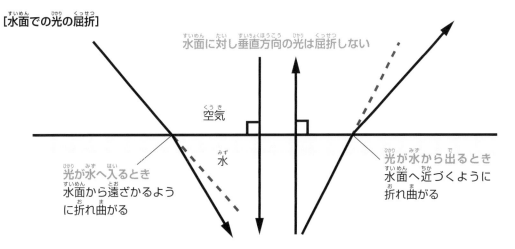

水面に対し垂直方向の光は屈折しない

空気

水

光が水へ入るとき
水面から遠ざかるように折れ曲がる

光が水から出るとき
水面へ近づくように折れ曲がる

[光がガラスの中へ入ったときの屈折]

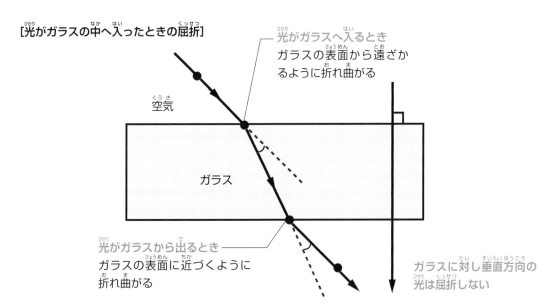

光がガラスへ入るとき
ガラスの表面から遠ざかるように折れ曲がる

空気

ガラス

光がガラスから出るとき
ガラスの表面に近づくように折れ曲がる

ガラスに対し垂直方向の光は屈折しない

発展　折れ曲がって見える棒

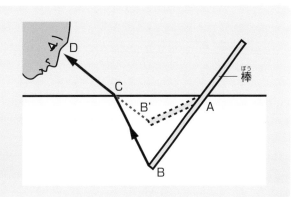

水の中へ入れた棒が折れ曲がって見えるのも光が屈折しているからです。
（右図では、Bからの光が水から出るときにC→Dと屈折するため、棒がB'にあるように見えます。）

とつレンズ

とつレンズ

虫めがね（ルーペ）のように中心が厚くなっているレンズをとつレンズといいます。

虫めがね

▌しょう点

とつレンズに対し垂直に光を当てると、中心を通る光は直進しますが、それ以外の光は一つの点に集まるように屈折します。

この光が集まった点のことをしょう点といいます。

また、レンズの中心からしょう点までの距離をしょう点距離といいます。

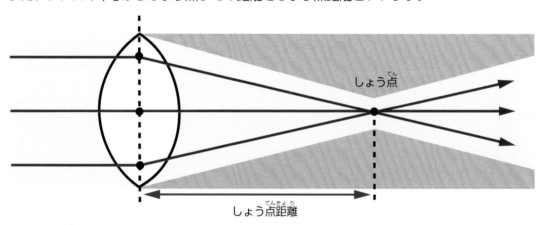

しょう点

しょう点距離

発展 **レンズを通る光の屈折**

とつレンズを通る光は、実際にはレンズに入るときと出るときの2回屈折していますが、作図はレンズの中心で屈折するようにかきます。

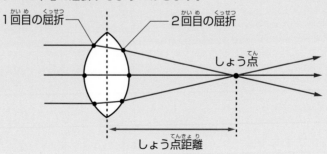

1回目の屈折　　2回目の屈折　　しょう点

しょう点距離

とつレンズによる像のでき方

とつレンズのしょう点に対して、どこにものを置くかで、像のでき方が異なります。

しょう点より外側にものを置いたとき

とつレンズのしょう点より外側にものを置くと、レンズの反対側の光が集まったところにさかさまになった像ができます。この像のことを実像といいます。

しょう点距離の2倍の位置にものを置いたとき

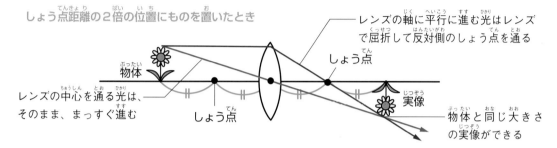

レンズの軸に平行に進む光はレンズで屈折して反対側のしょう点を通る

しょう点

物体

レンズの中心を通る光は、そのまま、まっすぐ進む

しょう点

実像

物体と同じ大きさの実像ができる

しょう点距離の2倍より内側にものを置いたとき

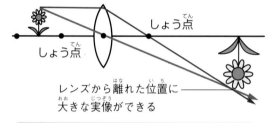

しょう点

しょう点

レンズから離れた位置に大きな実像ができる

しょう点距離の2倍より外側にものを置いたとき

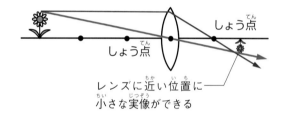

しょう点

しょう点

レンズに近い位置に小さな実像ができる

しょう点より内側にものを置いたとき

とつレンズのしょう点より内側にものを置いて、レンズの反対側から見ると、ものが大きく見えます。この像のことをきょ像といいます。
(反対側の点線が交わったところにものがあるように見えるためです。)

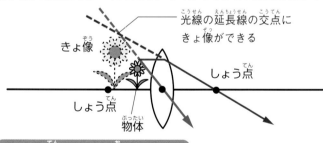

光線の延長線の交点にきょ像ができる

きょ像

しょう点

しょう点

物体

虫めがね(ルーペ)でものが大きく見えるのはこのためだよ。

しょう点にものを置いたとき

とつレンズのしょう点にものを置くと像はできません。レンズを通った光は平行になり、集まらないからです。

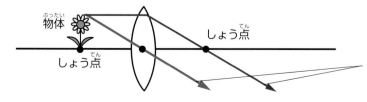

物体

しょう点

しょう点

2本の光線は平行になって交わらないので、像はできない

光 色

太陽の光

プリズムに太陽の光を当てるとさまざまな色にわかれます。このことから、太陽の光はこれらの色が混ざり合ってできていることがわかります。光がわかれるのは、色によって屈折する角度がちがうからです。

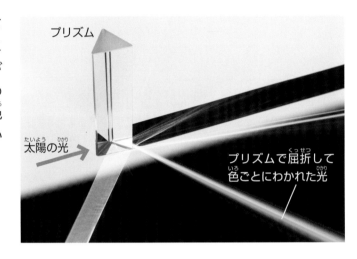

プリズムで屈折して色ごとにわかれた光

虹のでき方

虹は、雨つぶに太陽の光が当たったときに見られます。太陽の光が雨つぶに当たると、光が屈折したり反射したりして色がわかれ、7色に見えるのです。

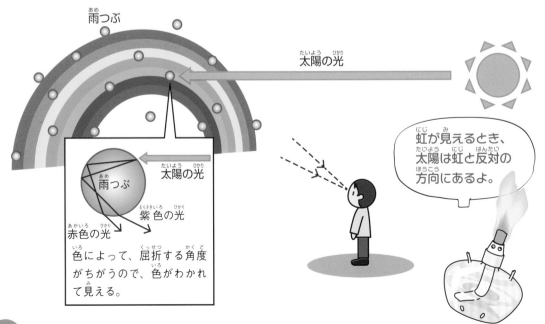

色によって、屈折する角度がちがうので、色がわかれて見える。

虹が見えるとき、太陽は虹と反対の方向にあるよ。

126

昼の青い空・夕焼けの赤い空

光は色によって空気を通るときの進み方がちがいます。青い光は空気のつぶに当たるとさまざまな向きに反射（散乱）します。赤い光は、ほとんど散乱せずに空気中をまっすぐ進みます。そのため、太陽の光が通りぬける空気の厚さによって、空が青く見えたり、赤く見えたりするのです。

昼の青い空

太陽の光

空気で散乱した青い光が見えるので、空が青く見える。

夕焼けの赤い空

太陽の光

赤い光が空気を通りぬけて目に届くので、赤く見える。

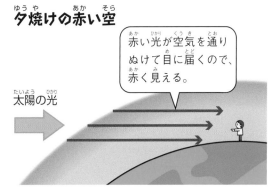

月食の月の色

皆既月食のとき、月は真っ黒ではなく赤っぽい色に見えることが多いです。これは、赤い光が地球の大気（空気）を通りぬけるときに屈折し、月に当たるためです。

青い光は大気で散乱してしまう。

赤い光は大気を屈折しながら通りぬけて、月を照らす。

皆既月食

太陽の光

地球

月

地球のかげ

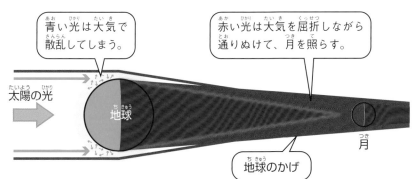

かき氷はどうして白いの？

かたまりの氷は透明ですが、氷をけずってできたかき氷は白い色をしています。なぜでしょうか。

かたまりの氷が透明に見えるのは、光が通りぬけるからです。しかし、氷を細かくけずると、小さくなった氷の１つ１つが光をいろいろな方向に反射させるため、白く見えるのです。細かい氷も、１つぶ１つぶをよく見ると透明です。

かき氷

 熱

 熱の伝わり方

熱は温度の高いところから低いところへ伝わります。

■ 伝導

金属の一部を熱すると、その熱が伝わっていき金属全体が熱くなります。このように熱が物質の中を伝わっていくことを伝導といいます。

 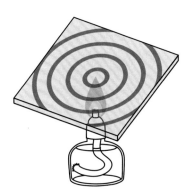

ろうをぬった金属板のはしや真ん中を熱すると、ろうがとけるようすで熱の伝わり方がわかる。はしを熱するとはしから円状に熱が伝わり、真ん中を熱すると真ん中から同心円状に熱が伝わってゆく

 いろいろな金属の熱の伝わり方を調べよう！

ろうでしるしをつけたいろいろな金属の棒を熱して、熱の伝わり方を調べると、金属によって熱の伝わり方が異なることがわかる

伝導 →

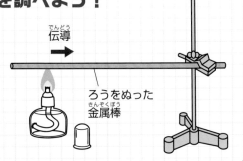

ろうをぬった
金属棒

熱が伝わりやすいおもな金属の順
銀 ＞ 銅 ＞ 金 ＞アルミニウム ＞ 鉄

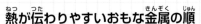
発展 **銀の熱伝導を100としたときの他の物質の熱伝導の比較**

銀	銅	金	アルミニウム	鉄	水	空気
100	94	75	55	19	0.14	0.006

（水や空気は伝導しにくい物質）

 覚え方
物質の熱伝導の比較　　**銀**ちゃん**ドッキン**、**あ**っ、**てっ**ちゃんが**水**を**食**っている。
銀　＞　銅　＞金＞アルミニウム＞鉄　　　＞水＞空気

対流

水や空気をあたためると、あたたまった水や空気が上昇し、下から上へ、上から下へ移動しながら全体があたたまっていきます。このような熱の伝わり方を対流といいます。

お風呂がわくのも対流が起こっているからなんだよ。

放射

太陽の光に当たったり、火の近くにいるとあたたかいのは、太陽や火から目に見えない熱が出て伝わってくるからです。このように熱が直接伝わってくることを放射といいます。

 ### 実験 色によるあたたまり方を調べよう！

試験管に水、白い水、赤い水、黒い水を入れて直射日光に当て、あたたまり方を比べよう。

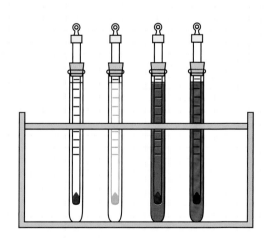

この中では黒い水が最もあたたまりやすく、透明な水が最もあたたまりにくいことがわかる。

あたたまり方の順
黒 ＞ 赤 ＞ 白 ＞ とうめい

夏はあたたまりにくい白いシャツ、冬はあたたまりやすい黒い服を着るといいね。

黒が放射熱を最も吸収し、とうめいはほとんど吸収しない

 ### 発展 とつレンズが熱くならない理由

とつレンズで光を集めると紙はこげます。しかし、レンズ自体は熱くなりません。これは、とうめいなものは放射ではあたたまりにくいからです。

熱による変化

温度と体積

物質は温度が上がると膨張し体積が大きくなります。
最も膨張しやすいのは気体で、次に液体、固体の順になっています。

膨張のしやすさ　気体　＞　液体　＞　固体

固体の膨張

固体の中でも膨張しやすいのは金属です。

実験 金属棒の下にストローを置いてあたためてみよう！

金属の棒　　膨張してのびる

ストロー

金属棒はあたためられると膨張して長くなる。その結果、ストローは金属に押されて右まわりに回転する

金属による膨張のちがい

金属によって膨張のしかたもちがいます。

膨張のしやすさ
アルミニウム ＞ しんちゅう ＞ 銅 ＞ 鉄

膨張のしかたのちがいを利用したものが温度調節をするスイッチなどに使われているサーモスタットです。サーモスタットは膨張のしかたのちがう2種類の金属をはりあわせたものです。温度が高くなるとスイッチが切れ、低くなるとスイッチが入るようになっています。

しんちゅうは銅と鉛の合金で五円硬貨の材料として使われているよ。

[サーモスタット]

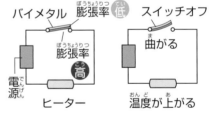

バイメタル　膨張率 低　　スイッチオフ　　スイッチオン

膨張率 高

電源

ヒーター　　曲がる　　　のびる

温度が上がる　　温度が下がる

発展 線路のレールのつぎめのすきま

線路のレールのつぎめにすき間があいてるのは、夏にレールがあたためられて膨張したときに、レールどうしが押し合って曲がるのをふせぐためです。

覚え方
金属の膨張のしやすさ　**ある**　**紳士**が　**土**　**手でのびた。**
アルミニウム　しんちゅう　銅　鉄　（膨張）

液体の膨張

液体も温度が高くなるほど膨張します。

水は液体の中でもちょっと変わった性質があります。

水は4℃のときに体積が最も小さくなります。4℃より低い温度、または高い温度のときのほうが、体積が大きくなります。また、膨張する割合も同じではありません。

[水の体積の変化]

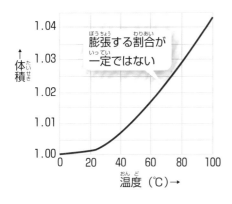

膨張する割合が
一定ではない

[4℃付近の水の体積の変化]

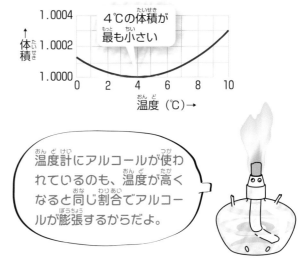

4℃の体積が
最も小さい

温度計にアルコールが使われているのも、温度が高くなると同じ割合でアルコールが膨張するからだよ。

気体の膨張

気体も温度が高くなると膨張します。

気体はどの気体も同じ割合で膨張します。温度が高くなると膨張するので、同じ量の気体を比べたとき温度が高いほど軽くなります。

発展 池の氷が水面からこおるのは？

水は4℃のときに体積が最も小さくなるので、同じ量の水を比べたとき4℃の水が最も重くなり、0℃の水の方が軽くなります。そのため0℃の水が水面に上がり、水面からこおるのです。

熱気球が空に浮かぶのは？

あたためられて膨張した空気を気球に入れることで気球がふくらみます。また膨張した空気は、周りの空気よりも軽いため空へ浮かぶのです。

熱気球

131

豆電球のつなぎ方 ①

回路

電流が流れる道すじを回路といいます。回路を記号で表したものが回路図です。

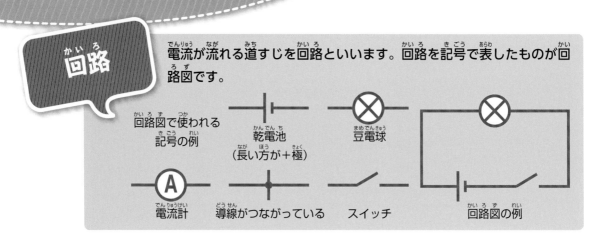

回路図で使われる記号の例　乾電池（長い方が＋極）　豆電球

電流計　導線がつながっている　スイッチ　回路図の例

並列つなぎ

電流が流れる道すじが分かれているものを並列つなぎといいます。

豆電球

電池

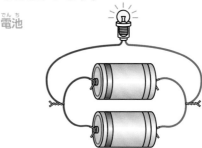

豆電球を並列につなぐと、豆電球の数に関わらず豆電球の明るさは変わらない。それぞれの豆電球に流れる電流は変わらないので、電池に流れる電流の大きさが増える。また、豆電球を1個はずしても回路は切れないため、他の豆電球は消えない

電池を並列につなぐと、電池の数に関わらず豆電球の明るさは変わらない。豆電球に流れる電流の大きさは変わらないので、電池に流れる電流の大きさが減る。また、電池を1個はずしても回路は切れないため、豆電球は消えない

直列つなぎ

電流が流れる道すじが1本道なものを直列つなぎといいます。

豆電球

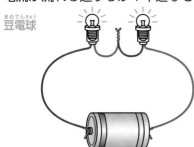

電池

豆電球を直列につなぐと、豆電球の明るさは暗くなる。これは、豆電球1個を電池につないだときに比べて、流れる電流が少なくなるからである。また、豆電球を1個はずすと回路が切れるため、他の豆電球も消える

電池を直列につなぐと、電流を流す強さが大きくなるので、電池1個を豆電球につないだときに比べて、豆電球は明るくつく。また、電池を1個はずすと回路が切れるため、豆電球も消える

豆電球や電池を並列つなぎと直列つなぎにしてみよう！

豆電球1個、電池1個をつないだ回路に流れる電流を基準として、豆電球2個と電池2個をそれぞれ、並列つなぎ、直列つなぎにしたときに、電流がどうなるかを比較してみよう。

前のページで学んだことを、回路図を見ながら確認しよう。

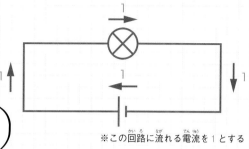

※この回路に流れる電流を1とする

実験1 豆電球の並列つなぎ

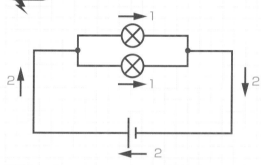

豆電球が2個になっても、それぞれの豆電球の明るさは1個のときと変わらないので、それぞれの豆電球に流れる電流は1個のときと同じ1となる。そのかわり電池から出る電流は2倍の2になる

実験2 電池の並列つなぎ

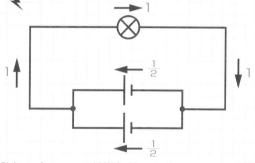

電池が2個になっても豆電球の明るさは変わらないので、豆電球に流れる電流は変わらず1となる。この電流を2個の電池が流せばいいので1個の電池が出す電流は$\frac{1}{2}$となる

実験3 豆電球の直列つなぎ

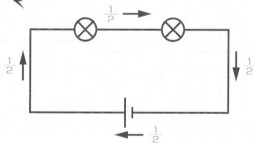

豆電球が2個になると豆電球の明るさは暗くなり、豆電球に流れる電流は$\frac{1}{2}$になる

実験4 電池の直列つなぎ

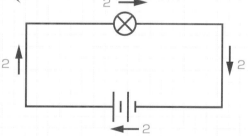

電池が2個になると豆電球の明るさは明るくなり、豆電球に流れる電流は2倍の2になる

 発展 発電所は並列つなぎ

各電力会社の発電所は並列つなぎになっています。そのため、ひとつの発電所が停止しても、他の発電所が稼働していれば、電気が消えることはありません。また、並列つなぎの発電所が増えれば、ひとつの発電所が出す電気も少なくてすみます。

豆電球のつなぎ方 ②

いろいろな回路

直列つなぎと並列つなぎが組み合わさったり、豆電球の数が増えたりしても、考え方は同じです。

実験 豆電球や電池の直列つなぎ、並列つなぎを組み合わせてみよう！

豆電球1個、電池1個をつないだ回路に流れる電流を基準として、複数個の豆電球や電池の直列つなぎと並列つなぎを組み合わせたときに、電流がどうなるかを比較してみよう。

わからなくなったら、前のページの基本に戻ろう。

[豆電球1個、電池1個の回路図]

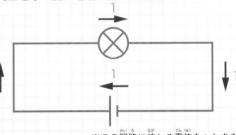

※この回路に流れる電流を1とする

実験1 豆電球も電池も並列つなぎ

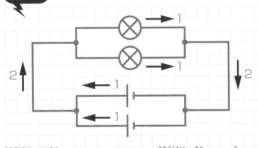

豆電球を並列につなぐと、それぞれの豆電球の明るさは変わらず、流れる電流は1。この電流の合計2は、2個の電池で流せばいいので電池1個が出す電流は1となる

実験2 豆電球が直列で電池が並列つなぎ

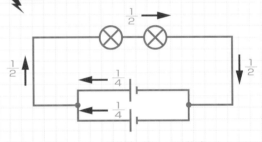

豆電球を直列につなぐと豆電球は暗くなり、電流は$\frac{1}{2}$になる。この電流を2個の電池で流せばよいので、1個の電池が流す電流は$\frac{1}{4}$となる

実験3 豆電球が並列で電池が直列つなぎ

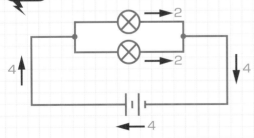

電池を直列につなぐと豆電球は明るくつき、流れる電流は2となる。また、並列につないだ豆電球には、それぞれに2の電流が流れるので、電池が出す電流は4となる

実験4 豆電球も電池も直列つなぎ

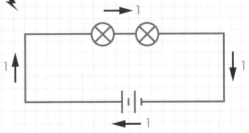

豆電球を直列につなぐと電流は$\frac{1}{2}$になるが、電池を直列につないでいるので電流は2倍になるため、回路を流れる電流は1となり、豆電球は同じ明るさでつく

実験5 電池1個に豆電球3個を並列につなげる

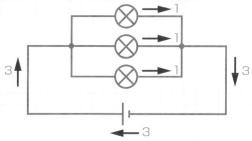

豆電球は並列につながっているので、それぞれの明るさは豆電球1個のときと同じで、流れる電流はそれぞれ1となる。電池から出る電流は3倍の3になる

実験6 電池1個に豆電球3個を直列につなげる

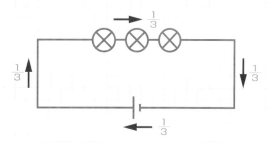

3個の豆電球が直列につながっているので、豆電球は暗くつき、流れる電流はそれぞれ$\frac{1}{3}$になり、電池に流れる電流も$\frac{1}{3}$になる

実験7 豆電球1個と豆電球2個を並列につないだものを電池1個に並列につなげる

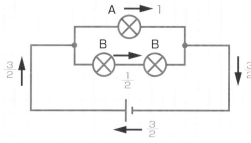

豆電球1個のAの部分と、豆電球2個を直列につないだBの部分をそれぞれ単独に考える。Aの豆電球は豆電球1個の時と同じ明るさでつき、流れる電流は1。Bの豆電球は2個直列なので暗くつき、流れる電流は$\frac{1}{2}$。このため、電池にはその合計の$\frac{3}{2}$の電流が流れる

直列と並列が組み合わさっても、それぞれの部分にどれだけの電流が流れているかを考えよう。

発展 豆電球の明るさの比較

豆電球を2個並列につないだ部分は、豆電球1個のときよりも電流が流れやすくなっています。このため回路1のAに流れる電流は回路2のCに流れる電流よりも大きくなり、Aの方が明るくつきます。

[回路1]

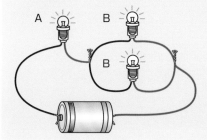

[回路2]

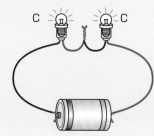

ここで回路1のAに流れる電流は、2個の豆電球Bに半分ずつ流れるので、BはCよりも暗くつきます。
この2つの回路で豆電球の明るさを比べると、明るさの順はA→C→Bになります。

電気 LEDと手回し発電機

LED

LED（発光ダイオード）は電気のエネルギーを直接光のエネルギーに変えるため、他の電灯よりも少ない電流で明るくつきます。

豆電球とLED

豆電球

豆電球は電気を通しにくい（抵抗が大きい）フィラメントに電流が流れるとき、発熱して明るく光ります。豆電球は電気のエネルギーを熱や光のエネルギーにして光ります。

豆電球

LED

LEDは豆電球とはちがい電気のエネルギーを直接光のエネルギーにして光ります。このため豆電球に比べてエネルギーを効率よく使えるので少ない電流で豆電球と同じ明るさになります。また、豆電球に比べて長い時間使うことができます。

LED

LEDに流れる電流の向き

LEDには長さがちがう2本の線がついています。この線の長い方を＋、短い方を−につなげるとつきます。また逆につなげるとつきません。LEDをつけるためには流す電流の向きが決まっています。

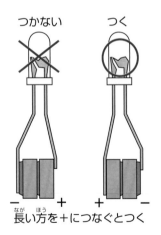

つかない　　つく

長い方を＋につなぐとつく

モーターと豆電球とLEDを並列につないで電池につないだ時、電池の向きを逆にして流れる電流の向きを逆にすると、豆電球はそのまま明るくつきますが、モーターの回転する向きは逆になり、LEDはつきません。

プロペラ　豆電球　LED
右に回る　つく　つく

プロペラ　豆電球　LED
左に回る　つく　つかない

手回し発電機

手回し発電機のハンドルを回すと電気がつくられます。

実験 手回し発電機を回してみよう！

実験1 LEDをつけて回す

手回し発電機にLED（発光ダイオード）をつけてハンドルを回すと、回す向きによってつくときとつかないときがある。これは回す向きによって電流の向きが変わるため

実験2 モーターをつけて回す

手回し発電機にモーターをつけてハンドルを回すとモーターが回転する。ハンドルを回す向きを逆にするとモーターの回転する向きも逆になる

実験3 コンデンサーをつけて回す

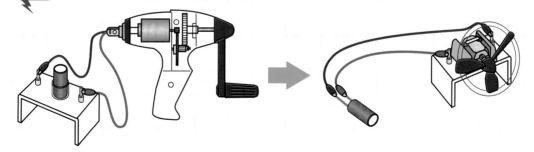

手回し発電機にコンデンサーをつけてハンドルを回したあと、コンデンサーにモーターをつけると、モーターは回転する。これは、コンデンサーが手回し発電機でつくった電気を蓄えていたため

電流と
方位磁針

導線に流れる電流と磁力

方位磁針の上に導線を置き電流を流すと
方位磁針がふれます。
導線に電流を流すと導線の周りに磁力が
できるからです。

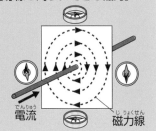
[導線の周りにできる磁力]
電流
磁力線

方位磁針のふれる向き

方位磁針のN極がふれる向きは、方位磁針と右手の手のひ
らの間に導線をはさむようにして、親指以外の4本の指を
電流が流れる向きにしたとき、親指のある方向です。

> 導線と方位磁針の距離が近いほど、
> 強い磁力がはたらくから、方位磁針
> はより大きくふれるよ。

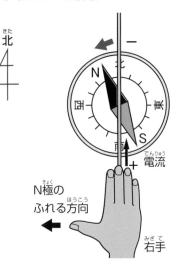
[N極のふれる方向]
北
電流
N極の
ふれる方向
右手

導線に流す電流の向きを逆にすると方位磁針のふれる向き
は逆になります。また、導線の置く位置を上から下にして
も方位磁針のふれる向きは逆になります。

[方位磁針のふれ方]

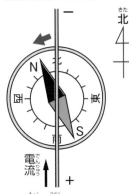
❶N極が左にふれる

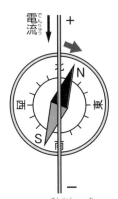
❷①とは電流の向きが
逆→N極が右にふれる
（①と逆）

❸①とは導線の上下が
逆→N極が右にふれる
（①と逆）

❹①とは電流の向きも導
線の上下も逆→N極が
左にふれる（①と同じ）

コイル

導線を巻きつけたものをコイルといいます。方位磁針に導線を巻いてコイルにし、電流を流すと、方位磁針のふれは方位磁針の上に導線を置いただけのときよりも大きくなります。方位磁針に導線を巻く回数を増やすと、方位磁針のふれはさらに大きくなっていきます。

[一本の導線を巻いたときの磁力]

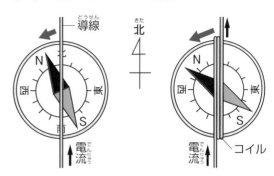

電磁石

たくさん巻いたコイルの中に鉄の棒を入れると、鉄の棒は強い磁石になります。これが電磁石です。

[電磁石のつくり]

電磁石の極は、電流の向きによって決まり、電流の向きを逆にすると、電磁石の極も逆になります。
電磁石の極は、右手で電磁石をにぎるとわかります。コイルを右手の親指以外で電流の向きに合わせてにぎり、親指を立てたときの親指の方向がN極です。

[電磁石の極の見つけ方]

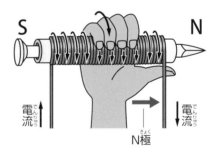

[電磁石の極]

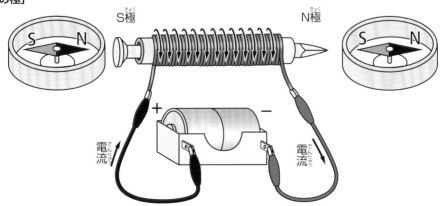

電磁石の利用

電磁石の性質

電磁石には次のような性質があります。
- 電流が流れているときだけ磁石になる。
- 電流を流す方向を逆にすると磁石のN極とS極も逆になる。
- 電流を強くすると電磁石の力も強くなる。
- コイルの巻き数を多くすると電磁石の力も強くなる。

実験 電磁石の性質を調べよう！

実験1 電流の向きを変えてみる

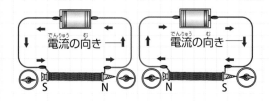

電流の向きを変えると磁石のN極とS極は逆になる

実験2 電池の数を変えてみる

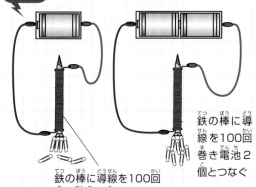

鉄の棒に導線を100回巻き電池1個とつなぐ

鉄の棒に導線を100回巻き電池2個とつなぐ

電流の強い方が電磁石の力は強くなる

実験3 コイルの巻き数を変えてみる

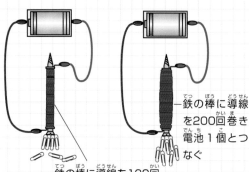

鉄の棒に導線を200回巻き電池1個とつなぐ

鉄の棒に導線を100回巻き電池1個とつなぐ

巻き数の多い方が電磁石の力は強くなる

実験4 コイルを巻くしんの材料を変えてみる

銅の棒に導線を100回巻き電池1個とつなぐ

銅のように磁石につかないものを使っても電磁石にはならない

モーターが回るしくみ

モーターは、磁石の極と電磁石の極が、引き合ったり、
しりぞけあったりして回転します。

[モーターのしくみ]

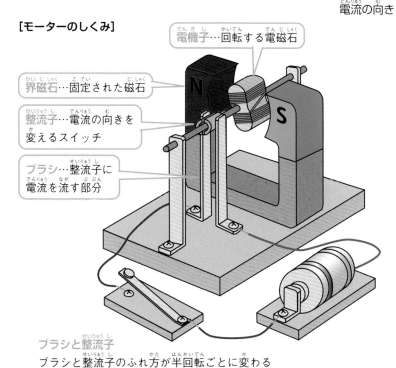

電機子…回転する電磁石

界磁石…固定された磁石

整流子…電流の向きを
変えるスイッチ

ブラシ…整流子に
電流を流す部分

ブラシと整流子
ブラシと整流子のふれ方が半回転ごとに変わる
ため、電機子に流れる電流の向きが変わる

[モーターが回るしくみ]

電流の向き

界磁石と電機子が同じ極なので反発
し回る

同じ極なので、界磁石と電機子が引
き合い電磁石が回り続ける

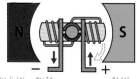

界磁石が回転したところで電流が一
瞬流れなくなるが、電機子はいきお
いで回る

電機子の極が反対になり、ふたたび
界磁石と電機子が同じ極になるの
で、反発し回転が続く

実験 コイルモーターをつくってみよう！

❶ エナメル線を10回くら
い巻いてコイルにする

❷ エナメル線の一方のはしの塗料を
すべてけずり落とし、もう一方の
はしは半分だけけずり落とす

❸

クリップ

穴

紙コップに
穴をあけてク
リップを図の
ようにとりつ
ける

❹ 紙コップにフェライト磁
石を逆の極が向かい合う
ようにしてとりつける

❺ 紙コップの中にコイル
を入れ、エナメル線が
クリップに接触するよ
うにする

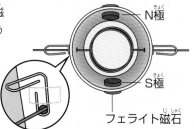

N極

S極

フェライト磁石

❻

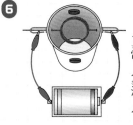

クリップと
電池をむす
ぶと電流が
流れ、コイ
ルが回る

電流と発熱

電熱線

ニクロム線など電流を流すと熱を出す金属線を電熱線といいます。

■ 電熱線の発熱

電熱線は、太さや長さが変わると発熱の大きさが変わります。
また、太さや長さのちがう電熱線を直列につないだときと並列につないだときでは、発熱の大きさが異なります。

実験 電熱線の発熱のしかたを比べよう！

実験1 電熱線を並列につないだとき（電圧が同じとき）

太いニクロム線と細いニクロム線を並列につなぎ、それぞれ同じ量の水を入れたビーカーの水の中に入れてスイッチを入れ、水温の変化を調べよう

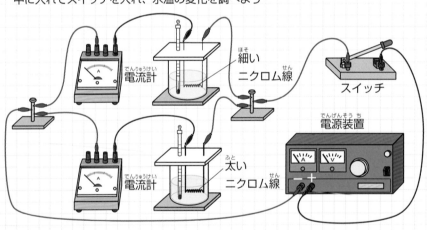

細い
ニクロム線

電流計

スイッチ

電源装置

太い
ニクロム線

電流計

ニクロム線を並列につないでいるので、太いニクロム線に多くの電流が流れている

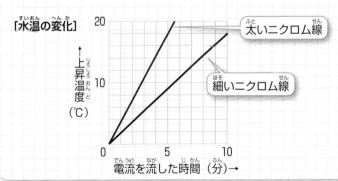

[水温の変化]

太いニクロム線

細いニクロム線

↑上昇温度（℃）

電流を流した時間（分）→

太いニクロム線の方が温度が上がる

太いニクロム線の方がたくさんの電流が流れるので、より多くの熱が出る

太さの異なる電熱線を並列につないだ場合

電源装置の電圧が同じなら、電流がたくさん流れる方が発熱する

実験2 ## 電熱線を直列につないだとき（電流の強さが同じとき）

太いニクロム線と細いニクロム線を直列につなぎ、それぞれ同じ量の水を入れたビーカーの中に入れてスイッチを入れ、水温の変化を調べよう

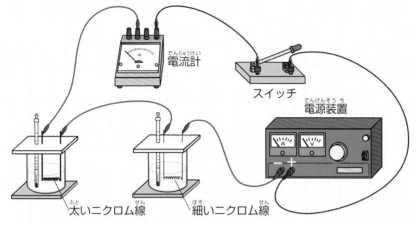

電流計

スイッチ

電源装置

太いニクロム線　　細いニクロム線

ニクロム線を直列につないでいるので、どちらのニクロム線にも同じ強さの電流が流れている

[水温の変化]

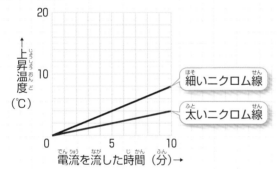

↑上昇温度（℃）

細いニクロム線

太いニクロム線

5　　10
電流を流した時間（分）→

細いニクロム線の方が温度が上がる
細いニクロム線の方が電流が流れにくい（抵抗が大きい）ので、より多くの熱が出る

太さの異なる電熱線を直列につないだ場合
直列につないだものは流れる電流が同じで、流れる電流が同じなら、電流の流れにくい（抵抗が大きい）方が発熱する

 発展 ## 電熱線の利用

電気コンロや電気ストーブ、アイロン、ドライヤーなどには電熱線が使われています。電熱線は、流れる電気（電流）が大きいほど、大きな熱が出ます。これらの道具は温度を上げるほど、たくさんの電力を使うことになります。

電気コンロ

電気ストーブ

ばね

ばねにかかる力とのび

ばねにつるすおもりの重さを2倍、3倍にすると、ばねののびも2倍、3倍になります。
また、ばねの長さを半分にすると、ばねののびも半分になります。

※ばねののびとは、おもりをつるしたときのばね全体の長さではなく、のびた長さのことをいいます。

実験 ばねののびを確かめよう！

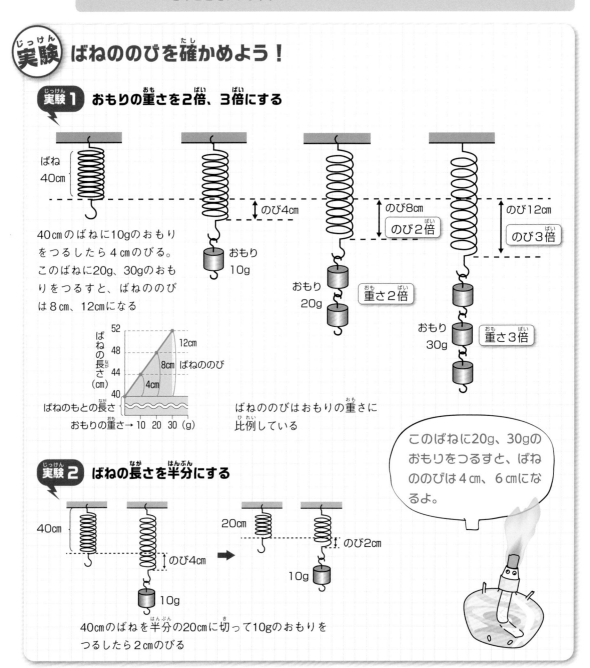

実験1 おもりの重さを2倍、3倍にする

ばね 40cm

のび4cm

のび8cm
のび2倍

のび12cm
のび3倍

40cmのばねに10gのおもりをつるしたら4cmのびる。
このばねに20g、30gのおもりをつるすと、ばねののびは8cm、12cmになる

おもり 10g

おもり 20g

重さ2倍

おもり 30g

重さ3倍

ばねの長さ（cm）
52
48
44
40
12cm
8cm ばねののび
4cm

ばねのもとの長さ
おもりの重さ→ 10 20 30 （g）

ばねののびはおもりの重さに比例している

このばねに20g、30gのおもりをつるすと、ばねののびは4cm、6cmになるよ。

実験2 ばねの長さを半分にする

40cm

のび4cm

10g

20cm

のび2cm

10g

40cmのばねを半分の20cmに切って10gのおもりをつるしたら2cmのびる

ばねののびを計算してみよう！

> ばねの問題を解くときは、ばねの基準を左の図のように書いてみよう。解くときの基準となるよ。

ばねの自然長	
何g	何cm
何gの力で何cmのびるか？	

10gで2cmのびる40cmのばねAの下に、10gで4cmのびる30cmのばねBがあります。
（ばね自体の重さは考えないとします）

問1 AとBをたてにつないだものに40gのおもりをつるしたとき、AとBの長さはどうなるでしょう？

解説 Aのばねも Bのばねも40gの力がかかるので、両方とも10gの4倍の力がかかることになる。したがって、それぞれのばねののびは、

Aのばね　2cm×4＝8cm
Bのばね　4cm×4＝16cm

つまり、

Aのばねの長さ　＝40cm＋8cm＝48cm
Bのばねの長さ　＝30cm＋16cm＝46cm

[答え] ばねA 48cm、ばねB 46cm

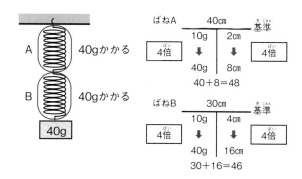

ばねA	40cm		基準
4倍	10g	2cm	4倍
↓	↓	↓	↓
	40g	8cm	
	40＋8＝48		

ばねB	30cm		基準
4倍	10g	4cm	4倍
↓	↓	↓	↓
	40g	16cm	
	30＋16＝46		

問2 ばねAの下に20gのおもりをつけ、その下にばねBをつけ40gのおもりをつるしたとき、AとBの長さはどうなるでしょう？

解説 ばねAには20g＋40g＝60gの力がかかるので2cm×6＝12cmのびる。
また、ばねBには40gの力がかかるので4cm×4＝16cmのびる。

Aのばねの長さ　＝40cm＋12cm＝52cm
Bのばねの長さ　＝30cm＋16cm＝46cm

[答え] ばねA 52cm、ばねB 46cm

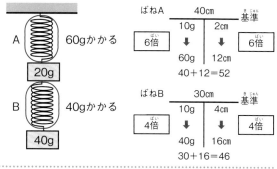

ばねA	40cm		基準
6倍	10g	2cm	6倍
↓	↓	↓	↓
	60g	12cm	
	40＋12＝52		

ばねB	30cm		基準
4倍	10g	4cm	4倍
↓	↓	↓	↓
	40g	16cm	
	30＋16＝46		

問3 ばねAとおもりを図のようにつなげたとき、ばねAの長さはどうなるでしょう？

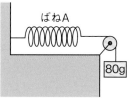

解説

	40cm		基準
8倍	10g	2cm	8倍
↓	↓	↓	↓
	80g	16cm	
	40＋16＝56		

[答え] 56cm

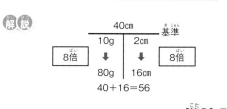

問4 ばねAとおもりを図のようにつなげたとき、ばねAの長さはどうなるでしょう？

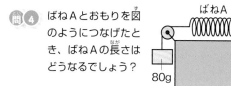

解説 下図のように考えるとばねAにかかる力は、問3のときと同じ80gになる。

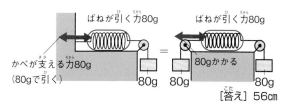

ばねが引く力80g

かべが支える力80g（80gで引く）

ばねが引く力80g

80gかかる

[答え] 56cm

力のつり合い　浮力

浮力

物体を水の中へ入れると、物体を押し上げようとする力がはたらきます。これを浮力といいます。

■ 水中での浮力の大きさ

浮力は水の中に入った物体の体積と同じ大きさになります。

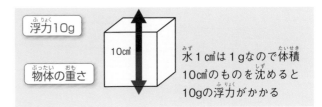

浮力10g

物体の重さ

10㎤

水 1 ㎤は 1 gなので体積 10㎤のものを沈めると 10gの浮力がかかる

実験　浮力の大きさを調べよう！

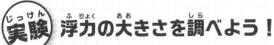

実験1　ばねばかりに 1 辺の長さが 5 cm で重さが 355 g の立方体をつけ水に沈める

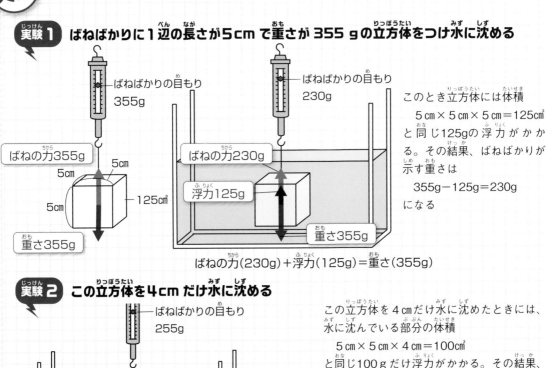

ばねばかりの目もり
355g

ばねの力355g

5cm
5cm
5cm
125㎤

ばねばかりの目もり
230g

ばねの力230g

浮力125g

重さ355g

重さ355g

このとき立方体には体積

5 cm×5 cm×5 cm＝125㎤

と同じ125gの浮力がかかる。その結果、ばねばかりが示す重さは

355g－125g＝230g

になる

ばねの力(230g)＋浮力(125g)＝重さ(355g)

実験2　この立方体を 4 cm だけ水に沈める

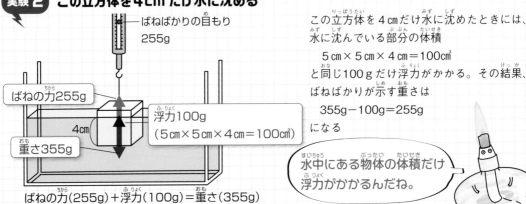

ばねばかりの目もり
255g

ばねの力255g

浮力100g
(5 cm×5 cm×4 cm＝100㎤)

4cm

重さ355g

この立方体を 4 ㎝ だけ水に沈めたときには、水に沈んでいる部分の体積

5 cm×5 cm×4 cm＝100㎤

と同じ100 g だけ浮力がかかる。その結果、ばねばかりが示す重さは

355g－100g＝255g

になる

水中にある物体の体積だけ浮力がかかるんだね。

ばねの力(255g)＋浮力(100g)＝重さ(355g)

実験 重さと浮力のつり合いを調べよう！

実験1 1辺の長さが10㎝で重さが570ｇの立方体を水に沈める

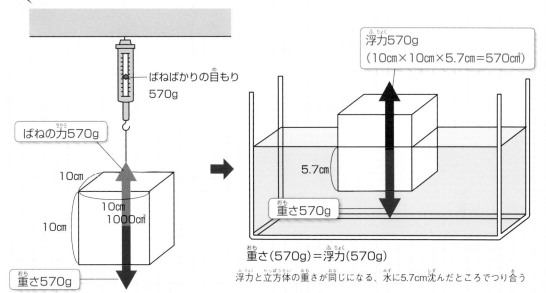

ばねばかりの目もり
570g

ばねの力570g

10cm
10cm
10cm
1000㎤

重さ570g

浮力570g
（10cm×10cm×5.7cm＝570㎤）

5.7cm

重さ570g

重さ（570g）＝浮力（570g）

浮力と立方体の重さが同じになる、水に5.7cm沈んだところでつり合う

実験2 この立方体の上に、430ｇのおもりを乗せて水に沈める

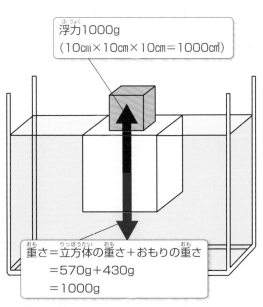

浮力1000g
（10cm×10cm×10cm＝1000㎤）

重さ＝立方体の重さ＋おもりの重さ
　　＝570g＋430g
　　＝1000g

立方体の重さ（570g）＋おもり（430g）
＝浮力（1000g）

浮力と立方体とおもりの重さの合計が同じになる、ちょうど立方体がすべて水の中へ入ったところでつり合う

実験3 この立方体（A）の下に1辺の長さが5㎝で重さが355ｇの立方体（B）をくっつけて水の中へ沈める

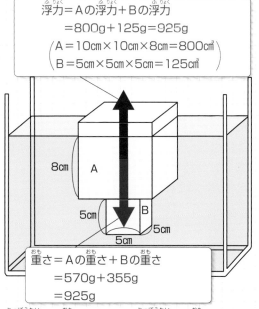

浮力＝Aの浮力＋Bの浮力
　　＝800g＋125g＝925g
（A＝10cm×10cm×8cm＝800㎤）
（B＝5cm×5cm×5cm＝125㎤）

8cm　A

5cm　B
5cm
5cm

重さ＝Aの重さ＋Bの重さ
　　＝570g＋355g
　　＝925g

立方体Aの重さ（570g）＋立方体Bの重さ（355g）
＝浮力（Aの浮力800g＋Bの浮力125g）

浮力と立方体の重さの合計が同じになる、上の立方体Aが8㎝沈んだところでつり合う

てこ ①

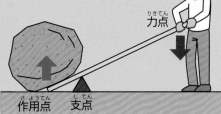

てこ

長い棒を使うと重たいものでも動かすことができます。
これをてこといいます。

てこには支点、力点、作用点があります。
支点……てこを支えている点
力点……力を加えている点
作用点…ものに力を伝えている点

てこのつり合い

てこにつるしたおもりはてこの支点を中心に、時計回り・反時計回りに回そうとしています。てこの片方のおもりをはずすとてこは支点を中心に回転します。

このように、てこにつるしたおもりがてこを回そうとするはたらきをモーメントといいます。モーメントの大きさは次のように求めます。

モーメントの大きさ＝おもりの重さ×支点からおもりまでの距離

モーメントには、時計回りのモーメントと反時計回りのモーメントがあり、両者が等しいときてこはつり合います。

時計回りのモーメント＝反時計回りのモーメント

また、てこが水平につり合うときは、下向きの力（地球に引かれる力）と上向きの力（支える力）も等しくなっています。

上向きの力（支える力）＝下向きの力（地球に引かれる力）

> モーメントと上向き・下向きの力を混同しないように、モーメントを考えるときはモーメントだけ、上向き・下向きの力を考えるときは、地球に引かれる力とそれを支える力だけを考えるようにしよう。

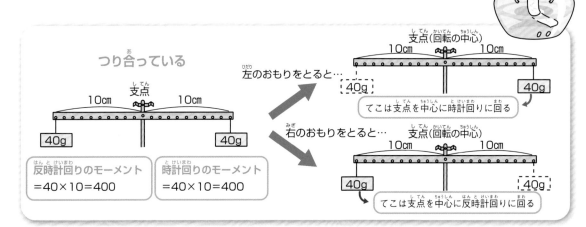

てこのつり合いの計算

てこのつり合いのモーメントの計算は、支点がどこにあっても、支点を回転の中心として時計回りのモーメントと反時計回りのモーメントを考えます。

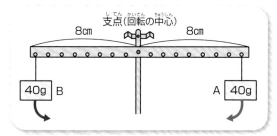

時計回りのモーメント　　おもりA　40×8＝320
反時計回りのモーメント　おもりB　40×8＝320

支点にはAとBの力がかかるので、支点は80gの力でてこを上向きに支えている

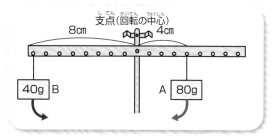

時計回りのモーメント　　おもりA　80×4＝320
反時計回りのモーメント　おもりB　40×8＝320

支点にはAとBの力がかかるので、支点は120gの力でてこを上向きに支えている

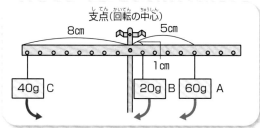

時計回りのモーメント　　おもりA　60×5＝300 ┐合計320
　　　　　　　　　　　　おもりB　20×1＝20 ┘
反時計回りのモーメント　おもりC　40×8＝320

支点にはABCの3つの力がかかるので、支点は120gの力でてこを上向きに支えている

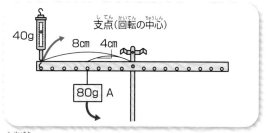

時計回りのモーメント　　ばねばかり　40×8＝320
反時計回りのモーメント　おもりA　80×4＝320
下向きの力　おもりAの重さ(80g)
上向きの力　ばねばかり(40g)＋支点が支える力(40g)＝80g

おもりAは80g、ばねばかりは40gなので、支点は40gの力で支えている

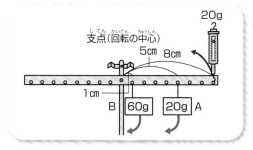

時計回りのモーメント　　おもりA　20×5＝100 ┐合計160
　　　　　　　　　　　　おもりB　60×1＝60 ┘
反時計回りのモーメント　ばねばかり　20×8＝160
下向きの力　Aの重さ(20g)＋Bの重さ(60g)＝80g
上向きの力　ばねばかり(20g)＋支点が支える力(60g)＝80g

おもりAとBの合計は80g、ばねばかりは20gなので、支点は60gの力で支えている

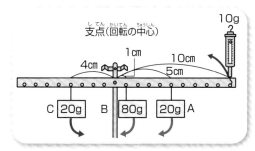

時計回りのモーメント　　おもりA　20×5＝100 ┐合計180
　　　　　　　　　　　　おもりB　80×1＝80 ┘
反時計回りのモーメント　おもりC　20×4＝80 ┐合計180
　　　　　　　　　　　　ばねばかり　10×10＝100 ┘
下向きの力　Aの重さ(20g)＋Bの重さ(80g)＋Cの重さ(20g)＝120g
上向きの力　ばねばかり(10g)＋支点が支える力(110g)＝120g

おもりABCの合計は120g、ばねばかりは10gなので、支点は110gの力で支えている

てこ ②

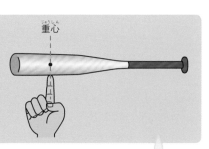

重心

物体をある一点で支えると水平につり合わせることができます。このような点を重心といいます。重心にはその物体の重さがすべてかかることになります。

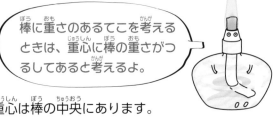

棒に重さのあるてこを考えるときは、重心に棒の重さがつるしてあると考えるよ。

■ 重心の位置

太さが一様な棒

棒の太さがどこでも同じ（太さが一様）の棒の重心は棒の中央にあります。

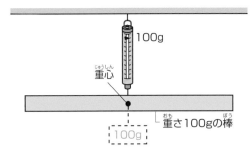

太さが一様な棒の中央をばねばかりでつるすとばねばかりは100gを示し、棒は水平になる。これは重心が中央にあり、棒の重さが100gだということ

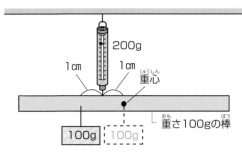

この棒の重心から左に1cmのところをばねばかりでつるすと、棒は水平にならなかったので、さらに1cm左に100gのおもりをつるしたら水平になる。これは100gのおもりと棒の重さがつり合ったため。このとき、ばねばかりは200gを示す。重心には見えない100gのおもりがつり下げてあると考える

太さがちがう棒

太さがちがう棒の重心は棒の中央ではなく、中央よりも太いほうによったところにあります。

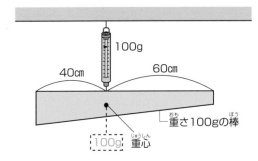

太さがちがう長さが100cmの棒の左はし40cmのところをばねばかりでつるしたら、棒は水平になり、ばねばかりは100gを示す。この点が棒の重心

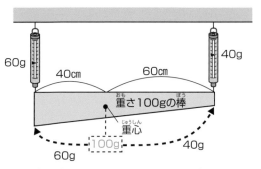

この棒の両はしをばねばかりでつるすと左のばねばかりは60g、右のばねばかりは40gを示す。重心にかかる100gの棒の重さは、左に60g、右に40gとわけられていると考える

水平につり合う棒にかかる力

水平につり合っている棒の重心には、棒の重さがかかります。
また、棒をつるしている点を支点として、時計回りのモーメントと反時計回りのモーメントがつり合っています。

太さが一様な棒

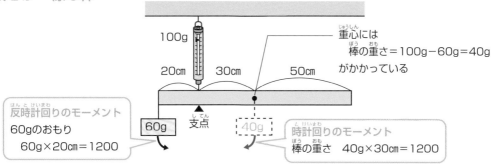

太さが一様な長さ100cm、重さ40gの棒の左はしに60gのおもりをつるし、左はしから20cmのところをばねばかりでつるしたら、棒は水平になり、ばねばかりは100gを示す。重心は棒の中心にある

太さがちがう棒

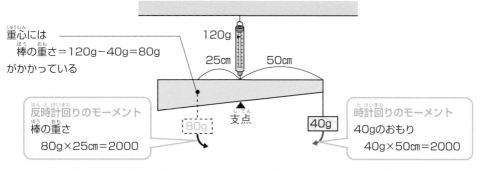

太さがちがう長さ100cmの棒の中央をばねばかりでつるしたら水平にならなかったので、右はしに40gのおもりをつるしたら水平になった。このとき、ばねばかりは120gを示す。この棒の重心は左から25cmのところにある

問 太さがちがう長さ100cm、重さ80gの棒の左はしを支点にして右はしに40gのおもりをつるすと、左はしから80cmのところをつるしたばねばかりは何gを示しますか？ なお、この棒の重心は、左はしから25cmのところにあります。

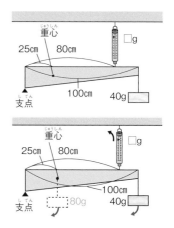

解説 この棒の重心は左はしから25cmのところにあり、棒の重さは80gなので、重心に80gのおもりをつるすと考える。
左はしを支点とするときのモーメントはそれぞれ、

時計回りのモーメント　棒の重さ　　80×25＝2000 ⎱ 合計6000
　　　　　　　　　　　40gのおもり　40×100＝4000 ⎰

反時計回りのモーメント　　ばねばかりの力　□×80
　　　　　　　　　　　モーメントは等しいので、□×80＝6000
　　　　　　　　　　　　　　　　　　　　　　□＝75
　　　　　　　　　　　　　　　　　　　　［答え］75g

てこ ③

てこの計算

てこの問題は、次の関係を使って計算します。

時計回りのモーメント＝反時計回りのモーメント
上向きの力(支える力)＝下向きの力(地球に引かれる力)

> モーメントの大きさは、おもりの重さ×支点からおもりまでの距離で求めるんだったね。

てこの問題にチャレンジしてみよう！

問1 長さが100㎝の棒ＡＢの両はしをばねばかりＣとＤで支え、Ａから10㎝のところに100g、Ｂから20㎝のところに200gのおもりをつるしました。このときばねばかりＣとＤはそれぞれ何gを示しますか。ただし、棒の重さは考えないものとします。

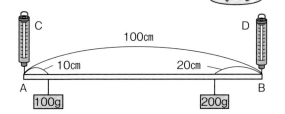

解説 時計回りのモーメント
　　100gのおもり　100×10＝1000
　　200gのおもり　200×80＝16000
　　　　　　　　　　　合計　17000
反時計回りのモーメント
ばねばかりＤ　Ｄ×100
ここで、Ｄ×100＝17000なので、Ｄ＝170g
また、下向きの力は300g(100g＋200g)なので、
Ｃ＝300g－170g＝130g
　　　　　　　[答え]Ｃ＝130g、Ｄ＝170g

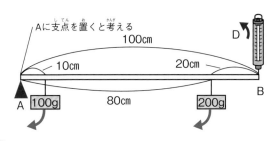

Ａに支点を置くと考える

- -

問2 長さが100㎝の棒ABのＡに50g、Ｂから20㎝のところに40g、Ｂに10gのおもりをつるし、Ｐ点をばねばかりでつるしたら水平につり合いました。Ｐ点は、Ａから何㎝のところですか。ただし、棒の重さは考えないものとします。

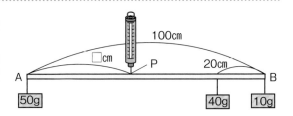

解説 時計回りのモーメント
　　40gのおもり　40× 80＝3200
　　10gのおもり　10×100＝1000
　　　　　　　　　　　合計　4200
反時計回りのモーメント
ばねばかり　100×□
ここで　100×□＝4200　なので、□＝42
　　　　[答え]Ｐ点はＡから42㎝のところにある

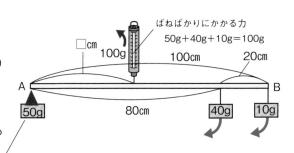

ばねばかりにかかる力
50g＋40g＋10g＝100g

Ａに支点を置くと考える　50gのおもりは支点にあるので、モーメントは０となる

問③ 長さが100cmで太さが一様で重さが100gの棒ABのAから20cmのところに支点を置き、Aに10gのおもりをつけ、Bをばねばかりで支えつり合わせました。このときばねばかりは何gを示していますか？

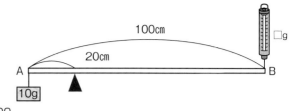

解説 時計回りのモーメント

　　100gのおもり（棒のおもさ）100×30＝3000

反時計回りのモーメント

　10gのおもり　　10×20＝200

　ばねばかりの力　□×80

　　　　　　　　合計3000

　　200＋（□×80）＝3000

　　　　　　□×80＝2800

　　　　　　　　□＝2800÷80

　　　　　　　　□＝35　　［答え］35g

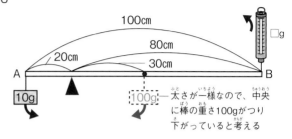

太さが一様なので、中央に棒の重さ100gがつり下がっていると考える

問④ 長さが100cmの棒CDのC、DをばねばかりでつるしたところCをつるしたばねばかりは、120g、Dは30gを示しました。この棒の重さは何gですか。また重心はCから何cmのところにありますか？

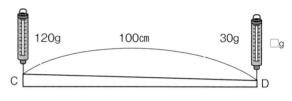

解説 棒のおもさ120＋30＝150

　　時計回りのモーメント

　　　150gのおもり（棒のおもさ）　150×□

　　反時計回りのモーメント

　　　ばねばかり　30×100＝3000

　　ここで、　　　　150×□＝3000

　　　　　　　　　　　　□＝20

　　［答え］棒のおもさは150g、重心はCから20cm

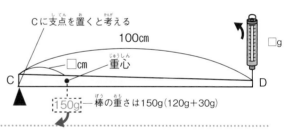

Cに支点を置くと考える

棒の重さは150g（120g＋30g）

問⑤ 問4の棒の中央（Cから50cm）のところに支点を置き、Cに50g、Dから20cmのところに300gのおもりをつるしDをばねばかりで支えてつり合わせました。このときばねばかりは何gを示していますか。

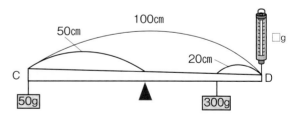

解説 時計回りのモーメント

　　300gのおもり　　300×30＝9000

反時計回りのモーメント

　50gのおもり　　50×50＝2500

　150gのおもり（棒の重さ）

　　　　　　　　　150×30＝4500

　ばねばかり　　　□×50

　　　　　　　合計9000

ここで、　2500＋4500＋（□×50）＝9000

　　　　　　　（□×50）＝2000

　　　　　　　　　　□＝2000÷50

　　　　　　　　　　□＝40

　　　　　　［答え］ばねばかりは40gを示す

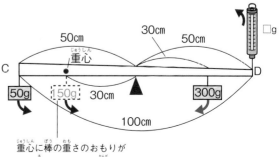

重心に棒の重さのおもりがつり下がっていると考える

力のつり合い 滑車

滑車はてこの原理を応用した道具です。

定滑車と動滑車

定滑車

回転軸が固定されている滑車です。力の大きさを変えることはできませんが、力の向きを変えることができます。

動滑車

回転軸が固定されていない滑車です。ひもを引くと上下に動きます。力の向きを変えることはできませんが、力の大きさを少なくすることができます。（真上に引けば力を半分にすることができます。）

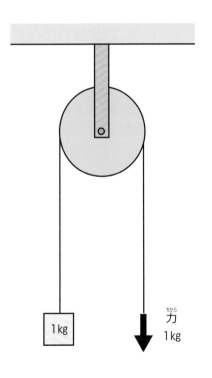

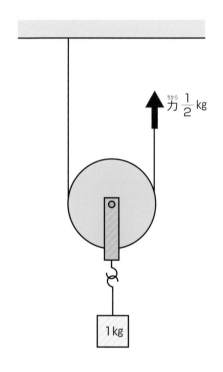

[滑車にかかる力と移動距離]

定滑車	動滑車
力の大きさは変わらない	力の大きさを半分にすることができる
力の向きを変えることができる	力の向きを変えることはできない
ものを1m上げるには、ひもを1m引けば上がる	ものを1m上げるには、ひもを倍の2倍引かなければ上がらない
	引く力が $\frac{1}{2}$、$\frac{1}{3}$、$\frac{1}{4}$ になると、引く距離は2倍、3倍、4倍になる

定滑車と動滑車の組み合わせ

動滑車と定滑車を組み合わせたものは、動滑車を支えているひもの数によってかかる力が変わります。

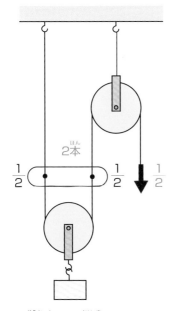

同じひもが動滑車に2回巻きついているので、2本のひもにかかる力は$\frac{1}{2}$になる（同じひもにかかる力は等しい）

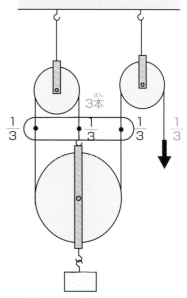

同じひもが動滑車に3回巻きついているので、3本のひもで支えていることになり、ひもにかかる力は$\frac{1}{3}$になる

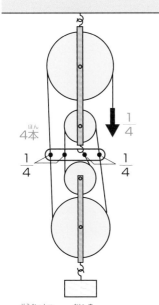

同じひもが動滑車に4回巻きついているので、4本のひもで支えていることになり、ひもにかかる力は$\frac{1}{4}$になる

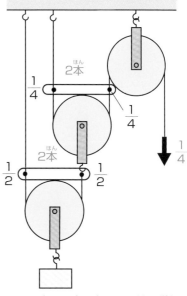

2本のひもを使った組み合わせ。下の動滑車で力が$\frac{1}{2}$になり、さらに上の動滑車で力が$\frac{1}{2}$になるので、最終的にひもにかかる力は$\frac{1}{2} \times \frac{1}{2} = \frac{1}{4}$になる

輪軸とてこの利用

輪軸 半径のちがう輪を回転じくが重なるようにはり合わせたものを輪軸といいます。

輪軸のつりあい

輪軸の中心を支点にして時計回りと反時計回りのモーメントがつり合っています。

**小さい輪にかかる力×小さい輪の半径
＝大きい輪にかかる力×大きい輪の半径**

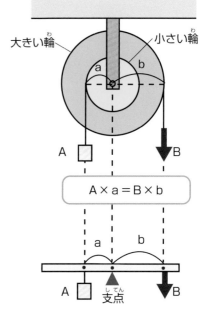

大きい輪　小さい輪

$A×a＝B×b$

[3軸の輪軸]

小輪半径2cm
中輪半径4cm
大輪半径8cm
輪軸の中心がてこの支点

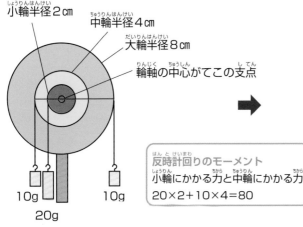

10g　20g　10g

反時計回りのモーメント
小輪にかかる力と中輪にかかる力
$20×2＋10×4＝80$

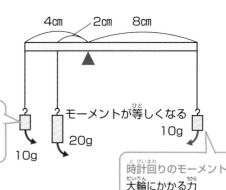

4cm　2cm　8cm

10g　20g　10g

モーメントが等しくなる

時計回りのモーメント
大輪にかかる力
$10×8＝80$

輪軸の移動距離

輪軸の輪はどれも同じ角度だけ移動するので、輪の半径が2倍、3倍、4倍になれば、移動距離も2倍、3倍、4倍になります。反対に力は $\frac{1}{2}$、$\frac{1}{3}$、$\frac{1}{4}$ になります。

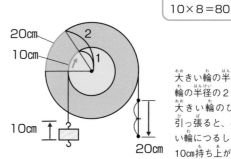

20cm
10cm

10cm

20cm

大きい輪の半径が小さい輪の半径の2倍のとき、大きい輪のひもを20cm引っ張ると、半径の小さい輪につるしたおもりが10cm持ち上がる

てこ、滑車、輪軸と生活

身の回りには、てこや滑車、輪軸の原理を応用したものがたくさんあります。

てこを利用した道具
・支点が中にあるてこの利用……(例)バール、はさみ、くぎぬき、ペンチ、上皿てんびんなど
・作用点が中にあるてこの利用…(例)ホッチキス、押し切り、せんぬき、かん切りなど
・力点が中にあるてこの利用……(例)ピンセット、にぎりばさみ、トングなど

はさみ

ホッチキス

ピンセット

滑車を利用した道具
(例)クレーン、エレベーターなど

クレーン

輪軸を利用した道具
(例)ドアのノブ、自動車のハンドル、ドライバーなど

ドアのノブ

発展 輪軸を利用した自転車の変速ギア

自転車の変速ギアは、後ろのギアを半径の小さいギアにすると大きな力でこがなければなりませんが、ペダルを少し回転させるだけで長い距離を進むことができ、スピードが出ます。
反対に大きなギアにするとこぐ力は小さくてすむので、坂道などをのぼることができますが、小さいギアと同じ距離を進むためには何回もペダルを回さなければなりません。

半径の小さいギアにすると、大きな力でこがなければならないが、長い距離を進み、スピードが出る

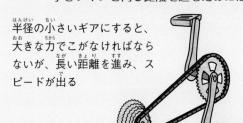

半径の大きなギアにすると、小さな力でこげるが、短い距離しか進まず、スピードが出ない

振り子

振り子

ひもの先におもりをつけたものを振り子といいます。

振り子の長さ・振幅・周期

振り子の長さ…ひもをとめた位置からおもりの重心までの長さ

振幅…最もふれた位置から真下の位置まで

周期…振り子が1往復するのにかかる時間

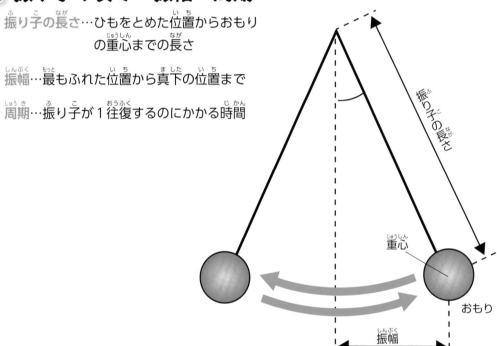

振り子の長さ

重心

おもり

振幅

実験 ふれている振り子のひもを途中で切るとどうなる？

実験1 振り子のおもりが最も高い位置にきたときに切る

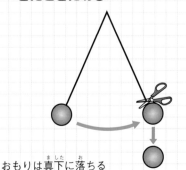

おもりは真下に落ちる

実験2 振り子のおもりが一番下にきたときに切る

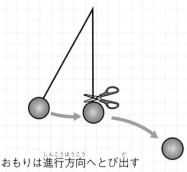

おもりは進行方向へとび出す

振り子の重さ・振幅・長さと周期の関係

振り子の振幅と周期の関係

振り子の振幅が変わっても、周期は変わりません。(振り子の等時性)

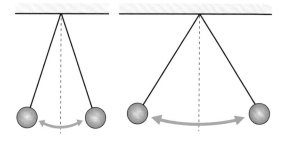

振り子の重さと周期の関係

振り子のおもりの重さが変わっても、周期は変わりません。

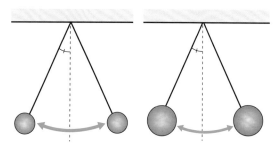

振り子の長さと周期の関係

振り子の長さを短くすると、周期も短くなります。

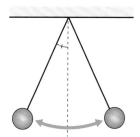
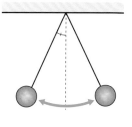

振り子の長さと周期の関係にはどんな規則性があるのかな？

実験 振り子の長さと周期の関係を調べよう！

振り子の長さ(cm)	25	50	75	100	125	150	175	200	225
周期(秒)	1.0	1.4	1.7	2.0	2.2	2.4	2.6	2.8	3.0

9倍
4倍
2倍
3倍

振り子の長さが25cmのとき振り子の周期は1秒、長さが4倍の100cmのとき周期は2倍の2秒、長さが9倍の225cmのとき周期は3倍の3秒になっている

振り子の長さが、4倍、9倍、16倍になると、周期は2倍、3倍、4倍になる

発展 振り子時計とメトロノーム

振り子時計やメトロノームは、振り子の長さと周期の関係を利用した道具です。

振り子時計

メトロノーム

斜面の運動と衝突

斜面の運動

ボールが斜面の上をころがっていくとき、ボールはだんだん速くなっていきます。ボールの速さは同じ割合で速くなります。（速くなる割合は一定です。）

実験 斜面にボールをころがしてみよう！

実験1 斜面をころがるボールの速さと移動距離を調べよう！

斜面にボールをころがして、1秒ごとに進む距離を調べよう

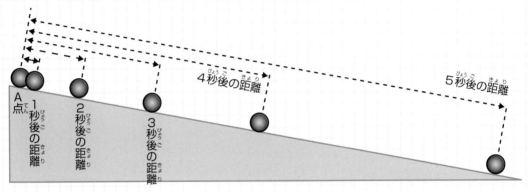

時間（秒）	0	1	2	3	4	5	6	7	8	9	10
A点からの距離（cm）	0	2	8	18	32	50	72	98	128	162	200

①それぞれの距離の差（cm）➡ 2　6　10　14　18　22　26　30　34　38

②距離の差の差（cm）➡ 4　4　4　4　4　4　4　4　4

1秒後には2cm、2秒後に8cm、3秒後に18cm、4秒後に32cmのところまで進む

このとき最初の1秒間で2cm進んでいるが、次の1秒間（1秒後から2秒後まで）は6cm、さらに次の1秒間（2秒後から3秒後まで）は10cmと、1秒ごとに4cmずつ進む距離が長くなり速くなっている。つまり1秒ごとの速さの変化が4cmと一定になっている

実験1 **ボールの重さと移動距離の関係を調べよう！**

ボールA（30g）とボールB（10g）を30cmの高さの斜面の上からころがしてみよう。

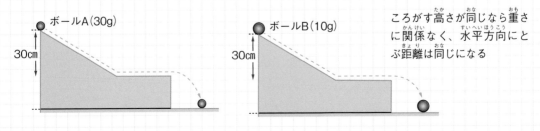

ころがす高さが同じなら重さに関係なく、水平方向にとぶ距離は同じになる

衝突

実験 衝突の威力を比較してみよう！

実験Aを基準にボールのころがる高さや斜面の角度、ボールの重さを変えて、木片に当てたとき、木片が移動する距離を比較してみよう

A 高さ20cm　角度30°　重さ10g

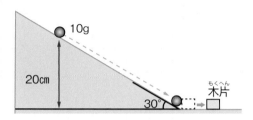

B 斜面の高さとの関係
高さ30cm　角度30°　重さ10g

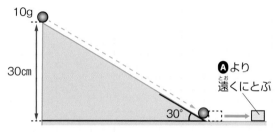

Aより
遠くにとぶ

AとBは斜面の角度とボールの重さが等しい
➡ボールをころがす高さが高い方が木片は遠くにとぶ

C ボールの重さとの関係
高さ20cm　角度30°　重さ20g

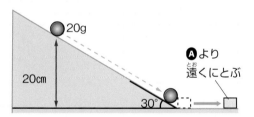

Aより
遠くにとぶ

AとCはボールをころがす高さと斜面の角度が等しい
➡ボールが重い方が木片は遠くにとぶ

D 斜面の角度との関係
高さ20cm　角度45°　重さ10g

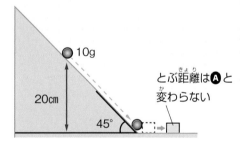

とぶ距離は**A**と
変わらない

AとDはボールをころがす高さと重さが等しい
➡ボールをころがす高さとボールの重さが等しければとぶ距離は同じ。斜面の角度は木片のとぶ距離には関係がない

木片がとぶ距離は斜面の角度には関係なく、ボールをころがす高さが高いほど、また重さが重いほどとぶ距離が大きくなる

発展 振り子で検証実験

斜面をころがるボールの代わりに、長さの同じ振り子を木片に衝突させても、上の実験と同じことがいえます。

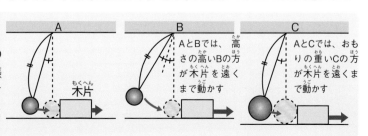

AとBでは、高さの高いBの方が木片を遠くまで動かす

AとCでは、おもりの重いCの方が木片を遠くまで動かす

木片

実験器具と使い方・4

電流計の使い方

つなぎ方

① 電流計は、回路に直列になるようにつなぎます。
② 乾電池（電源）の＋極側の導線を電流計の＋たんしに、－極
側の導線を－たんしにつなぎます。
③ はじめ、－たんしは５Ａのたんしにつなぎ、針のふれが小
さいときは、500mA、50mAと順につなぎかえていきます。

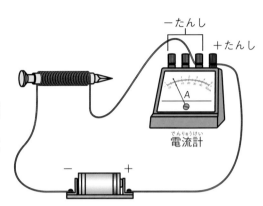

－たんし
＋たんし

電流計

目盛りの読み方

① つないだ－たんしに合わせて目盛りを読み取ります。
② 実験を行うときは、何回かはかり、平均を出します。

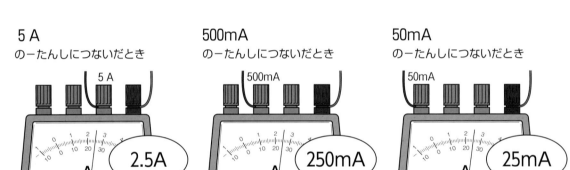

５Ａ
の－たんしにつないだとき

2.5A

500mA
の－たんしにつないだとき

250mA

50mA
の－たんしにつないだとき

25mA

メスシリンダーの目盛りの読み方

目盛りを読み取るときは、最小目盛りの $\frac{1}{10}$ の値まで読み取ります。

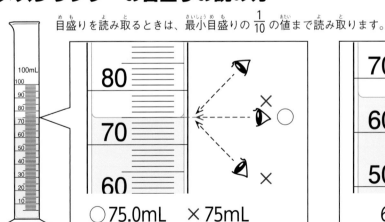

○75.0mL　×75mL

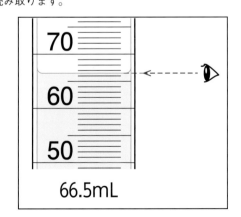

66.5mL

第5章 新課程と身近な理科

　科学は日々進歩しています。コンピュータの計算能力は年々高くなり、宇宙探査によって、わたしたちがこれまで知らなかった惑星や小惑星、宇宙のすがたが明らかになっています。

　ここまで、生物、化学、地学、物理と理科の4つの分野について学習してきましたが、これらの分野は決して別々のものではなく、つながり合っています。また、理科の学習は社会や算数など、他の科目ともつながり合っています。

　この章では、プログラミングや宇宙開発、地球環境に関わる技術など、進歩する科学や、社会との関わりについて学習します。分野や教科にとらわれず、これまで学習してきたことをつなげて考えることがポイントです。

プログラミング学習

電気

センサー

人の動きや明るさなど、まわりのようすを検知する装置のことをセンサーといいます。センサーにはさまざまな種類があります。

いろいろなセンサー

自動ドアや街灯など、センサーは、身の回りのさまざまな場所で利用されています。

屋外灯には、明るさセンサーが使われています。

自動ドアには人感センサーが使われています。

ゲーム機のコントローラーには、ものの動きを検知する加速度センサーが使われています。

自動制御

水温を調べるセンサーを使って水そうの水温を自動的に同じ温度にしたり、距離をはかるセンサーを使ってピントをあわせて写真をとるなど、身の回りのさまざまな場所でセンサーを使った自動制御が行われています。

水温の制御

ピントを合わせる

センサーなどを使った装置は、コンピュータを利用して動かすことができます。コンピュータへの指示をプログラムといい、プログラムをつくることをプログラミングといいます。

センサーを使ったプログラム

センサーを使うと、電気を効率的に使うプログラムをつくることができます。

センサーが1つのプログラム

明るさセンサーを使うと、暗くなったら街灯をつけるプログラムをつくることができます。

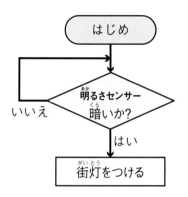

センサーが2つのプログラム

人感センサーと温度センサーを組み合わせて使うと、人がいたら明かりをつけ、さらに部屋が暑かったらエアコンをつけるプログラムをつくることができます。

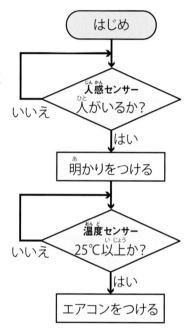

発展 三角形をかくプログラムを考えてみよう！

プログラムを使うと、センサーやスイッチの操作以外にも、コンピュータで絵をかいたり、ゲームを動かしたり、いろいろなことができるよ。

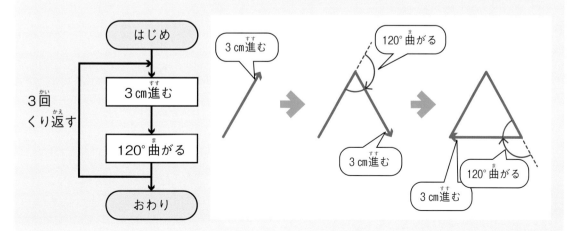

気象

自然災害

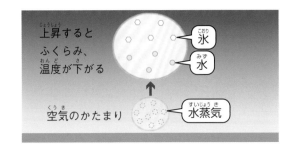

集中豪雨　激しい雨を降らせる積乱雲が発達すると、1時間に数十mmの大量の雨が降ることがあります。

上昇気流と雲

空気が上昇すると、空気はふくらんで温度が下がります。空気の温度が下がると、空気中の水蒸気が水や氷の粒となり、雲ができます。

上昇すると
ふくらみ、温度が下がる

氷
水

空気のかたまり
水蒸気

実験　雲をつくってみよう！

① 2Lのペットボトルに少量の水を入れてふたをし、よくふってから水を捨てる。

② ペットボトルを逆さまにし、下から線香のけむりを少量入れる。

③ ペットボトルを手で少しへこませた状態で、ふたをしっかりしめる。

④ ペットボトルを強くへこませたり、パッと手を放したりして、中のようすを観察する。

へこませたり放したりする

ペットボトルを放すと、中の空気がふくらんで雲ができるよ。

線状降水帯

次々と発生した積乱雲が列をつくり、同じ場所に何時間も強い雨を降らせることがあります。このときにつくりだされる細長い雨の地域を線状降水帯といいます。線状降水帯は、幅20〜50km、長さ50〜200kmにもなります。

線状降水帯のでき方

雲を動かす風
積乱雲
強い雨
しめった空気
山
海

雨雲レーダーのようす

日本のはるか南の海上で発生する熱帯低気圧のうち、最大風速が秒速17.2m以上のものを台風といいます。台風は、大雨や強風、高潮などの災害を引き起こすことがあります。

台風のでき方

台風が発生するのは、あたたかい南の海上です。太陽の熱で熱せられて蒸発した水と、あたためられた空気が上昇気流となり、積乱雲となって台風になります。

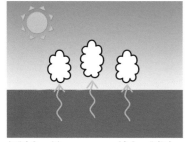

水蒸気を多くふくんだ空気が上昇して、積乱雲ができる。

まわりから空気が流れこんでうずができ、熱帯低気圧になる。

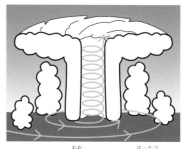

うずがさらに大きくなり、発達して、台風になる。

台風の風

台風のまわりでは、台風の中心に向かって反時計回りに風が吹き込みます。台風のまわりには、ほかに、台風を動かす風も吹いています。台風の進行方向の右側では、台風に吹き込む風と台風を動かす風の向きが同じになるので、特に風が強くなり、注意が必要です。

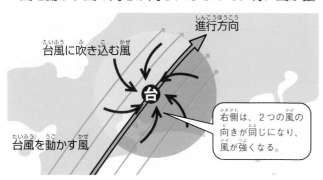

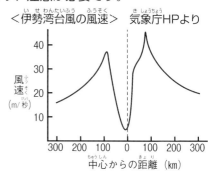

高潮

高潮とは、台風や低気圧のえいきょうによって海面の高さが通常より高くなる現象です。台風などで強い風が吹くと、海水が陸に向かって吹き寄せられて海面が高くなります。また、台風の中心はまわりに比べて海水をおす力（気圧）が小さく、海水が吸い上げられるので、海面が高くなります。

宇宙 宇宙開発

ロケット

ものを勢いよく後ろに吹き出して、その力を利用して進む装置をロケットといいます。宇宙へ飛んでいくロケットは、燃料を燃やし、発生した気体を吹き出して進みます。理科の実験などでつくるペットボトルロケットは、水を吹き出して進みます。

液体燃料ロケット

宇宙ロケットは燃料を燃やして進みますが、宇宙にはものを燃やすための酸素がありません。

そのため、ロケットは、燃料と、燃料を燃やすための酸素の両方を積んで宇宙へ飛び立ちます。宇宙ロケットの多くは液体の水素などを燃やす液体燃料ロケットです。

水素を燃料としたロケットでは、水素が燃えて発生した水(水蒸気)を吹き出して進みます。

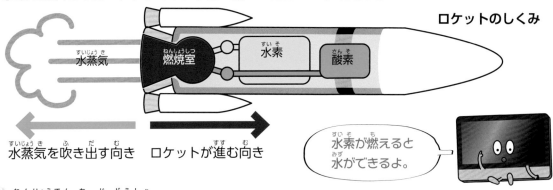

ロケットのしくみ

水蒸気　燃焼室　水素　酸素

水蒸気を吹き出す向き　ロケットが進む向き

水素が燃えると水ができるよ。

燃料電池自動車

液体燃料ロケットと同じように、水素と酸素を利用しているのが燃料電池自動車です。燃料電池自動車は、水素と空気中の酸素を反応させて電気をつくり、その電気でモーターを動かして走ります。

水素と酸素の反応からは水しかできないので、燃料電池自動車が走るときには、二酸化炭素を出しません。

燃料電池自動車のしくみ

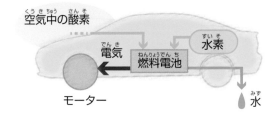

空気中の酸素　水素　電気　燃料電池　モーター　水

発展　月では水が酸素のもとになる!?

水素を燃やすと水ができるので、水を分解すると水素と酸素になります。月にある水を使って月に長期滞在する計画もあり、宇宙航空研究開発機構(JAXA)では、はやぶさの技術を応用した探査船を月に着陸させサンプルを持ち帰る計画をしています。

はやぶさ
はやぶさ2

「はやぶさ」と「はやぶさ2」は日本の小惑星探査機です。小惑星とは、惑星より小さく、衛星やすい星ではない小さな星のことで、火星と木星の間に多くあります。はやぶさは小惑星イトカワを、はやぶさ2は小惑星リュウグウを探査し、小惑星の砂などを地球に持ち帰りました。

小惑星イトカワとリュウグウ

小惑星イトカワとリュウグウは、地球と火星の間を回る小惑星です。

イトカワ
大きさ：約500m
公転周期：約1.5年

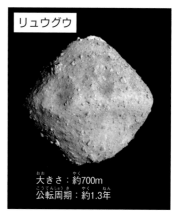

リュウグウ
大きさ：約700m
公転周期：約1.3年

はやぶさ2のミッション

2014年12月に打ち上げられたはやぶさ2は2018年12月にリュウグウに到着しました。リュウグウに2回着陸して地表付近の砂などを採取したり、リュウグウの観測を行ったりしました。その後、2019年11月にリュウグウを出発したはやぶさ2は、2020年12月に地球の上空でサンプルの入ったカプセルを分離し、オーストラリア大陸に落下したカプセルが回収されました。

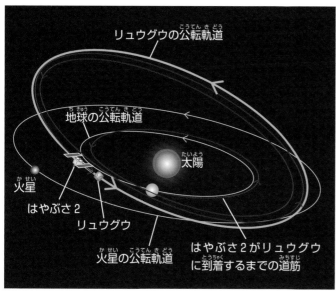

リュウグウの公転軌道
地球の公転軌道
太陽
火星
はやぶさ2
リュウグウ
火星の公転軌道
はやぶさ2がリュウグウに到着するまでの道筋

はやぶさ2が持ち帰ったリュウグウの砂

地球にカプセルをとどけた後、はやぶさ2は再び別の小惑星を観測する旅に出たよ。

理科と社会をつなげよう

気体の溶解度（きたいのようかいど）

固体は温度が高くなるほどとけるものの量が多くなりますが、気体は、温度が低くなるほどとけるものの量が多くなります。

炭酸水と二酸化炭素

炭酸飲料のふたを開けると「プシュッ」という音がするのは、とけきれなくなった二酸化炭素が外に出ようとするためです。炭酸飲料をつくるときは、より多くの二酸化炭素をとかすために、液体の温度を下げたり、強い力（圧力）をかけたりします。

[100gの水にとける気体の量（1気圧）]

水の温度（℃）	0	20	40	60	80	100
空気（cm³）	0.029	0.019	0.014	0.012	0.011	0.011
酸素（cm³）	0.049	0.031	0.023	0.019	0.018	0.017
二酸化炭素（cm³）	1.71	0.88	0.53	0.36	－	－

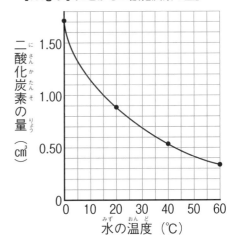

[100gの水にとける二酸化炭素の量]

縦軸：二酸化炭素の量（cm³）
横軸：水の温度（℃）

親潮と酸素

太平洋の日本付近では、北からの親潮（寒流）と南からの黒潮（暖流）の2つの海流がぶつかり合っています。水温の低い親潮には酸素が多くとけこんでいます。

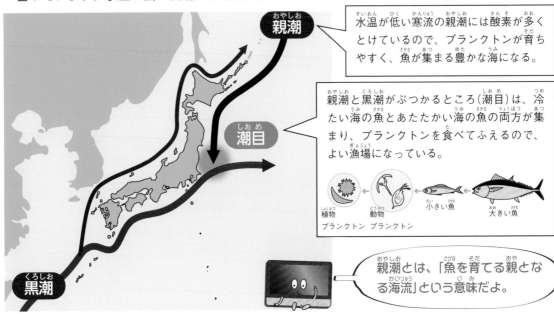

親潮

潮目

水温が低い寒流の親潮には酸素が多くとけているので、プランクトンが育ちやすく、魚が集まる豊かな海になる。

親潮と黒潮がぶつかるところ（潮目）は、冷たい海の魚とあたたかい海の魚の両方が集まり、プランクトンを食べてふえるので、よい漁場になっている。

植物プランクトン　動物プランクトン　小さい魚　大きい魚

黒潮

親潮とは、「魚を育てる親となる海流」という意味だよ。

地球の自転

地球は、北極と南極を結んだ直線（地軸）を軸にして、西から東へ1日に1回転しています。

緯度と自転の速さ

地球の自転とともに地面が動く速さは、低緯度の赤道付近ほど速く、高緯度の北極や南極付近ほどおそくなります。

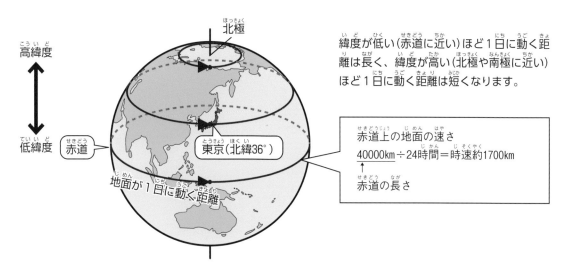

高緯度

低緯度

赤道

北極

東京（北緯36°）

地面が1日に動く距離

緯度が低い（赤道に近い）ほど1日に動く距離は長く、緯度が高い（北極や南極に近い）ほど1日に動く距離は短くなります。

赤道上の地面の速さ
40000km÷24時間＝時速約1700km
赤道の長さ

ロケットの打ち上げと緯度

ロケットは、地球の自転の速さを利用して打ち上げます。そのため、ロケットの打ち上げ場はできるだけ緯度の低い場所につくられます。JAXA（宇宙航空研究開発機構）のロケットの打ち上げは、鹿児島県の種子島宇宙センターなどで行われています。

北緯40°

北緯30°

種子島

沖縄

小笠原諸島

打ち上げ場が沖縄県につくられなかった理由
種子島宇宙センターがつくられたのは1969年で、1972年の沖縄返還前だったため、打ち上げ場を沖縄につくることはできませんでした。また、小笠原諸島の返還は1968年で、種子島宇宙センターがつくられる直前でした。

グラフのかき方・読み方

途中で折れ曲がるグラフ

塩酸40cm³にいろいろな量の水酸化ナトリウム水溶液を加え、水分を蒸発させて残った固体の重さを調べると、右のような結果になります。この結果をグラフに表すと、2本の直線が合わさった、途中で折れ曲がるグラフになります。

[塩酸に加えた水酸化ナトリウム水溶液の量と残った固体の重さ]

水酸化ナトリウム水溶液の量（cm³）	0	5	10	15	20	25	30
残った固体の重さ（g）	0	0.6	1.2	1.8	2.4	2.8	3.2

[塩酸に加えた水酸化ナトリウム水溶液の量と残った固体の重さ]

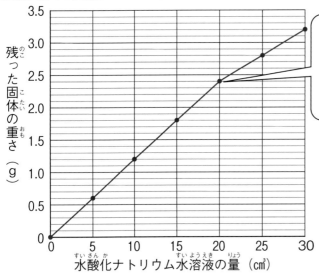

折れ曲がるグラフでは、折れ曲がった点で曲がる意味を考える。
この場合は、水酸化ナトリウム水溶液を20cm³加えたところで、完全中和したことがわかる。

どこで折れ曲がったかがわかるように、定規でしっかり直線をかこう！

誤差のあるグラフ

実験を行うと、結果にずれが生じます。これを誤差といいます。誤差のあるグラフの線を引くときは、全ての点を結んだ折れ線にはせず、測定値のなるべく近くを通るように、直線や曲線を引きます。

[おもりの重さとばねののび]

おもりの重さ（g）	0	10	20	30	40	50	60
ばねののび（cm）	0	4.0	8.4	11.5	16.0	20.4	23.3

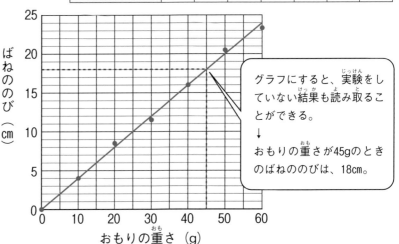

グラフにすると、実験をしていない結果も読み取ることができる。
↓
おもりの重さが45gのときのばねののびは、18cm。

グラフのポイント

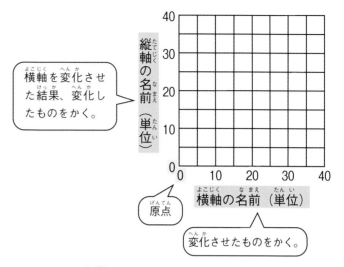

グラフをかく準備

・横軸と縦軸の名前
・横軸と縦軸の単位
・横軸と縦軸の目盛り
・原点

の4つをグラフ用紙に記入します。

横軸を変化させた結果、変化したものをかく。

縦軸の名前（単位）

原点

横軸の名前（単位）

変化させたものをかく。

グラフのかき方

① 結果をもとに、グラフ用紙に線より少し大きめの点をかきます。

② 点の並び方から、直線のグラフになるか、曲線のグラフになるかを考えて、線を引きます。直線のグラフをかくときには、定規を使います。曲線のグラフをかくときには、なめらかな曲線を引きます。

直線のグラフ（比例のグラフ）

[水の量ととける食塩の量（20℃のとき）]

水の量(g)	50	100	150	200	250
食塩の量(g)	18.9	37.8	56.7	75.6	94.5

曲線のグラフ

[100gの水にとける硝酸カリウムの量]

水の温度(℃)	0	20	40	60	80
硝酸カリウムの量(g)	13.3	31.6	63.9	109.2	168.8

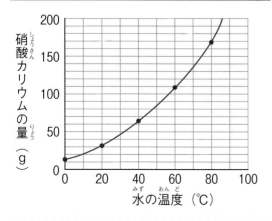

曲線のグラフ（反比例のグラフ）

[電熱線の長さと流れる電流の大きさ]

電熱線の長さ(cm)	3	6	9	18
電流の大きさ(A)	1.8	0.9	0.6	0.3

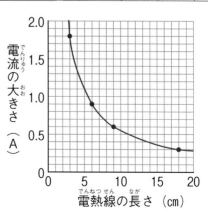

さくいん

●**監修者プロフィール**

小川 眞士（おがわ まさし）

小川理科研究所主宰。森上教育研究所客員研究員。
東京練馬区立の中学校で理科の教鞭を執ったあと、四谷大塚進学教室理科主任講師。開成特別コース・桜蔭特別コースを担当し、平均合格率80％達成。クラス全員28人が開成に合格したクラスを担当。現在「理科的視点と豊かな心」をモットーにした教室を主宰し、理科大好き生徒が増殖中。『これだけ！理科』（森上教育研究所スキル研究会）・『楽しくわかる！地球と天体』（ナツメ社）他、著書多数。

●**参考資料**

『新しい理科3』『新しい理科4』『新しい理科5』『新しい理科6』東京書籍、2012年／『カードで合格⑤ 理科 植物・動物』富山篤著、学習研究社、2010年／『カードで合格⑥ 理科 地球・宇宙』富山篤著、学習研究社、2010年／『くらべてわかる できる子図鑑』旺文社、2013年／『塾で教える理科 生物・地球・宇宙』神野泰司著、文英堂、2012年／『小学総合的研究 わかる理科』宮内卓也・三井寿哉監修、旺文社、2013年／『新版 中学校理科 中学校1分野 上下』『新版 中学校理科 中学校2分野 上下』大日本図書、2011年／『続受験理科の裏ワザテクニック』山内正著、文英堂、2005年／『続受験理科の裏ワザテクニック 生物・地学編』山内正著、文英堂、2012年／『たのしい理科4 上下』『たのしい理科5 上下』『たのしい理科6 上下』大日本図書、2011年／『未来へひろがるサイエンス1』『未来へひろがるサイエンス2』『未来へひろがるサイエンス3』啓林館、2012年／『理科自由自在 小学校高学年』小学教育研究会編著、受験研究社、2012年／『有名中学入試を突破する 特進クラスの理科』西村賢治編著、文英堂、2003年／『理科の実験・観察 物質とエネルギー編』横山正監修、ポプラ社、2007年／『理科の世界3年』大日本図書、2012年

●**写真提供**

AC／大谷 おさむ（p.47ヤマネの冬眠）／気象庁（p.44桜前線、p.112通風筒、p.114アメダスによる全国の降水量、p.116雲のようす・静止気象衛星ひまわり、p.117台風、p.166雨雲レーダーのようす）／倉敷市立自然史博物館（p.104しゅう曲が見られる地層、p.106切り通しの地層、p.108泥岩・砂岩・れき岩・石灰岩・チャート・凝灰岩、p.110流もん岩・安山岩・げんぶ岩・花こう岩・はんれい岩）／国立天文台（p.127皆既月食）／Corvet Photo Agency／JAXA（p.56液体燃料を使って打ち上げされるロケット、p.169イトカワ・はやぶさ2が持ち帰ったリュウグウの砂）／JAXA、東大など（p.169リュウグウ）／NASA（p.83水星・金星・地球・火星・木星・土星・天王星・海王星）／日本ダリア會（p.17ダリア）／Paylessimages／PIXTA／フォトライブラリー／松谷化学工業株式会社（p.17ジャガイモのでんぷん）／山形県立博物館（p.109サンゴ・アサリ・シジミ・ナウマンゾウの歯・フズリナ・ビカリア）／山梨県峡東建設事務所（p.101扇状地）／筑波大学下田臨海実験センター（p.21ワカメ）／渡辺教具製作所（p.118星座早見）

●**カバー**	中村友和（ROVARIS）
●**編集・DTP**	合同会社ミカブックス
●**本文デザイン**	合同会社ミカブックス
●**著者**	大井直子（第1章・第3章）／野口哲典（第2章・第4章）／水上郁子（第5章）
●**本文イラスト**	下田麻美（第1章）／川上潤（第2章・第4章）／水上郁子（第5章）
●**キャラクターデザイン**	鶴崎いづみ

まなびのずかん
基礎（きそ）からしっかりわかる カンペキ！小学理科（しょうがくりか）＜難関中学受験にも対応！（なんかんちゅうがくじゅけん たいおう）＞【新課程対応版（しんかていたいおうばん）】

2014年5月25日　初 版　第1刷発行
2021年7月14日　第2版　第1刷発行

監修者	小川眞士
発行者	片岡 巌
発行所	株式会社技術評論社
	東京都新宿区市谷左内町21-13
電 話	03 3513-6150　販売促進部
	03-3267-2270　書籍編集部
印刷・製本	大日本印刷株式会社

定価はカバーに表示してあります。
本書の一部または全部を著作権法の定める範囲を超え、無断で複写、複製、転載、テープ化、ファイル化することを禁じます。
©2021　小川眞士、理科教育研究会
造本には細心の注意を払っておりますが、万一、乱丁（ページの乱れ）や落丁（ページの抜け）がございましたら、小社販売促進部までお送りください。送料小社負担にてお取り替えいたします。

ISBN 978-4-297-12164-8　C6040
Printed in Japan

●本書へのご意見、ご感想は、技術評論社ホームページ（http://gihyo.jp/）または以下の宛先へ書面にてお受けしております。電話でのお問い合わせにはお答えいたしかねますので、あらかじめご了承ください。

〒162-0846　東京都新宿区市谷左内町21-13
株式会社技術評論社書籍編集部「カンペキ！小学理科」係
FAX：03-3267-2271